中国天气

U0255100

WEATHER MARKETING

天气营销

白静玉 主编

经济管理出版社
ECONOMY & MANAGEMENT PUBLISHING HOUSE

图书在版编目（CIP）数据

天气营销/白静玉主编．—北京：经济管理出版社，2022.8
ISBN 978-7-5096-8650-8

Ⅰ.①天…　Ⅱ.①白…　Ⅲ.①气象服务—公共服务—品牌营销—研究—中国
Ⅳ.①P451

中国版本图书馆 CIP 数据核字（2022）第 138785 号

组稿编辑：范美琴
责任编辑：范美琴
责任印制：黄章平
责任校对：张晓燕

出版发行：经济管理出版社
　　　　　（北京市海淀区北蜂窝 8 号中雅大厦 A 座 11 层　100038）
网　　址：www. E-mp. com. cn
电　　话：（010）51915602
印　　刷：唐山玺诚印务有限公司
经　　销：新华书店
开　　本：720mm×1000mm/16
印　　张：16
字　　数：236 千字
版　　次：2022 年 8 月第 1 版　　2022 年 8 月第 1 次印刷
书　　号：ISBN 978-7-5096-8650-8
定　　价：98.00 元

编 委 会

序

"中国天气" 不一样的价值引领

从 1953 年毛泽东主席提出"把天气常常告诉老百姓"开始，我国气象部门就一直不断尝试优化气象信息的发布和媒体传播方式。随着信息技术快速发展，媒体形态不断演变，从报纸、广播、电视到手机、互联网、新媒体，通过各种渠道和媒介不断进行实践和探索，可以说哪里有用户需求，我们就要把精细化的气象信息送到哪里去！

习近平总书记在新中国气象事业 70 周年之际专门作出指示："气象工作关系生命安全、生产发展、生活富裕、生态良好，做好气象工作意义重大。"一直以来，中国气象局党组高度重视气象服务工作，始终把"人民至上、生命至上"作为气象服务工作的根本目标和要求。为全面践行习近平总书记对气象工作的指示要求和局党组的部署，华风集团始终把"中国天气"作为公益气象服务的旗帜，"中国天气"品牌从诞生开始，就肩负着防灾减灾、服务社会、改善民生的使命，伴随着精细化的气象信息传播深深地植入中国大众的心中，应用到社会经济发展的各行各业，融入科技的每一次变革中。

"中国天气"是中国气象局面向社会开展气象服务的媒体阵地，品牌聚合电视、广播、网站、客户端、新媒体等资源，已经形成国家、省、市、县四级联动服务矩阵，建立了以服务生活、助力经济、倡导环保、推广科普为主要内容的公众气象全媒体服务体系，进一步开展面向公众的个性化、定制化服务，提供更加智能、精准、互动的气象服务，持续提升精细化气象服务能力。

自古天气变化就与老百姓的生产生活以及社会变迁的方方面面有着天然的联系。在当今社会不断进步和经济快速发展的前提下，天气、气候和气候变化所造成的自然灾害已经成为我们面临的重要问题。随着全球气候变暖，极端天气发生的概率更大，造成的社会财产损失和人身安全风险正在更深层次地影响社会经营活动和百姓的文化生活。当前天气风险管理从社会最先认知的农业生产影响和百姓工作生活，已经拓展到交通气象影响、能源开发与利用、户外体育与出行旅游、居家生活与养生健康等领域，从最初的"把天气常常告诉老百姓"，拓展到趋利避害的天气风险管理如何指导生产经营的实践和探索。

"中国天气"品牌标识在公众媒体资源市场上形成了一定的辨识度及影响力，也为天气传播资源营销创造了新的机遇。本书就是将天气变化、气候特征与城市生态建设、地方经济推广、节气文化传承、节气风物经济等相融合，用"中国天气"品牌的优质传播资源为知名企业、名优产品、绿色生态和传统文化进行赋能，从而阐释、发掘和探索品牌新理念和传播新途径。

一样的看见，不一样的发现，希望"中国天气"能给大家带来不一样的价值引领！

华风气象传媒集团董事长　李海胜

潮起潮落　静看春暖花开

经历了电视广告的萌芽、起步、发展、辉煌到现在的焦虑期，看了太多广告部主任的起起落落，也关心每一位曾经在一起奋斗的电视传媒经营者们，于是，就有了广电传媒行业的家长一说。很高兴听到以"中国天气"的"金名片"为核心内容的书籍即将出版，作为气象广告领域的第一本书籍，想想都有很多故事可以讲，祝贺之外也有几分感受与读者分享。

勇敢的新兵

毋庸置疑，华风气象传媒集团（以下简称"华风"）作为气象媒体领域的国家级专业媒体和平台，在传媒领域确实是金字招牌。资源独一无二，含金量也高，但无论是对于品牌还是对于媒体来说，这依然是"酒香也怕巷子深"的时代。电视媒体大多缺乏卖点，缺乏资源整合，缺乏营销故事，缺乏站在甲方考虑解决方案的营销思维，华风亦如此。白静玉主任作为一名勇敢的广告新兵，一脚踏进广告圈，就爱上了这个充满挑战和智慧的行业。说她勇敢，是因为她三年前进入广告行业时同行都和她说，现在广告太难了，电视广告更是雪上加霜。但是，她依然带着清纯的眼神，带着青春的气象，站在"中国品牌年轻节"的现场讲述了气象的故事、华风的优势，讲述了"金名片"的营销 IP。不得不说，她是勇敢的，她的领导团队和部门团队也是勇敢的，不管传媒大潮如何风大雨大，华风依然保持积极向上的力量。

跨界的思维

广告行业从不缺勤奋的人，但是缺专业的人。因为广告行业起步晚，并没有真正的理论体系，更不用说实战了。这个行业真的是有一腔热血的一群人，要融合所有学科的优势，才能成为一名实战派的广告人。所以，经营广告的人大多能文善武。白主任，就是这样一个善于用跨界思维整合资源的"小女子"。只有通过整合专家资源、媒体互补资源、硬广与内容的资源，才有金名片的营销 IP。既能满足中国企业的品牌需求，也可以满足各地政府的宣传需求，同时也符合中国传统文化的传承与创新，所以跨界思维既是华风的资源优势，同时也是她们团队的优势。

团结的力量

见过华风白主任、她的领导以及团队很多次，我一直被这个团队感动着。特别实在，安安静静做事，不急不躁，团结着身边的每一位专家、每一位顾问、每一位朋友；他们特别谦逊，谦逊不仅仅是谦虚，"谦逊"一词更符合他们的团队。其实他们才是气象领域的专家，内容领域的专家，但是他们愿意吸纳和采用每个人的有益意见和建议，并且学以致用。行业人都说他们很聪明，我说他们很智慧。在这样的一个时代，在别人看来天时、地利、人和都不是好时机的时候，他们真正地介入市场，既是面对市场的勇气，更是智慧，也是气象的实力。

最后一句话，无论疫情如何，无论传媒如何，人，总要有自己的思想和思维，总要有自己的策略和打法。静看春暖花开，是心态，也是境界。此为序吧。

中国广播电视社会组织联合会广播电视产业发展委员会

专家组组长　金国强

"中国天气"金名片是一个成功的典范

这几年，媒体环境发生了深刻的变化，可称为"媒体粉末化"阶段。就是媒体太多了，数据太乱了，广告主要找到投放依据太难了。

作为四大媒体之一的广电媒体，其经营也面临着空前的挑战。如何突围、如何找到自己的核心产品和核心竞争力，是对每一个广电媒体人的智力和能力的考验。

金国强先生是广电广告人公认的老大哥，是一位非常热心和非常热爱广电事业的人。他既是资深的媒体专家，也是中国广告协会很多年的分会主任。20多年来，他矢志不渝地组织广电经营的研究和学习，坚持不懈地提携着广告界的后备力量，我们圈子里的人都亲切地称他"金台"。

那天，在北京京都信苑酒店的会议中心开会。会议间歇，他叫了我和田涛老师、周伟老师，说有重要的事情和我们商量，同时他带来了白静玉主任。白主任是一个清雅干练的女子，谦虚而温和，脸上带着真挚的笑容。金台说："这个孩子刚干广告，还不太懂，但很努力，希望大家能帮帮她。"我们也礼貌地握手，就算认识了。每年广告圈都是新人辈出，大家其实都很忙，帮不帮也是要看缘分的。

但是，白主任这个女子真是不得了。没几天，她就把我们请到中国气象局，见到了华风气象传媒集团的董事长李海胜和班子的其他领导。李董也是一个非常朴实和有事业心的领导，表达了对广告工作的信任和支持。然后，白主任就开始了她们艰辛的品牌策划之路……

今天，回想起来，我真的很佩服她。很多年了，我没有见到过这么聪慧和努力的人了。为了策划产品，她不厌其烦地拜访行业里数十位专家和广告主。她的团队和她自己可以说都很年轻，还没有经验，但是，她们实在是太善于学习并融会贯通了。

她的精神深深地感动了我，可以说这种精神也感动了所有的专家和广告主。这其中，包括金定海老师、董立津老师、林如海老师、张默闻老师、周志强老师、王志昊老师等。大家纷纷主动并自愿地为她出谋划策，帮助她完成得尽善尽美。其实，这背后也包含着我们这一代广告人对这个行业的深情和希望，包含着对这个行业繁荣的寄托和愿景！

这期间，我们也从华风人的身上看到了希望和力量。这个团队在集团领导的支持下，在宋英杰这样顶级专家的扶植下，在以金台为首的行业专家的帮助下，在他们孜孜不倦的努力下，历尽艰辛，历经数月的策划筹备，终于化蛹成蝶——"中国天气"金名片应运而生。这张金名片一经在北京推广，就赢得了榄菊集团这样有眼光、有魄力的广告主的赏识！

可以说，金名片是华风的孩子，是白主任的孩子，也是我们大家的孩子，我们为金名片骄傲！

屈指一数，金名片已经两岁，但依然魅力无限，在白主任团队的精心抚育下，她变得越来越丰富，越来越有力量。她已经成为广告主寻找头部媒体最有性价比的产品，也成为广电经营逆市飞扬的典范，成为行业集体力量的聚合平台，更成为广告经营策划的经典案例，是名副其实的天气"金名片"。

广告人文化集团有限公司总裁　穆虹

强势崛起的"中国天气"

"中国天气"是近几年来强势崛起的国家级传播品牌，在注意力碎片化和传播去中心化的今天，尤为难得，也尤为可贵。

"中国天气"的强势崛起，得益于三个维度的强力支撑：一是位于国家级优质平台的核心价值段，是中国独一无二的传播价值高地；二是提供权威而贴近生活的服务信息，360度环绕消费者；三是悠久而厚重的中华历史文化，二十四节气承载了中华文化的精髓。

传播经济，说到底是规模经济。受众规模是承载传播价值最重要的基础，"中国天气"在受众规模上，拥有着牢不可破的优势。中央广播电视总台综合频道19：30，处于《新闻联播》后、《焦点访谈》前。这是当今中国最大规模的收视群体，传播信息触达受众规模过亿，形成了碎片化时代重聚消费者注意力的巨大强势力量。通过"中国天气"，重聚消费者目光，重聚消费者注意力，构建和消费者沟通的稳定渠道。品牌站在传播阵地的制高点，会当凌绝顶，一览众山小。平台的权威性和公信力，为品牌赋能，为品牌背书，让消费者更加信任品牌，更加容易与品牌进行沟通。

现在的传播转型，各有说法，其中接触点转型是重中之重。品牌与消费者的接触点，从原来的信息告知变成了服务体验，这对品牌传播提出了新的任务和命题。传播必须能够服务消费者并通过服务与消费者产生共鸣，同时，必须是消费者所需要的、所接受的、所信任的服务。"中国天气"恰恰具备了这样的职责和能力，提供及时准确的天气信息、二十四节气的文化传承、道路出行信息、节气养生健康、感冒指数、洗车指数、啤酒指数、蚊子出没地图等，并通过矩阵传播、跨媒体融合传播，及时准确地服务消费者，使消费者产生高度的依赖和信任，同时对平台传播的品牌产生认知和共鸣。这是"中国天气"独一无二的价值，是不可复制的竞争力，是品牌在传播中不可多得的价值所在。

权威的平台发布、优质的服务体验，还要加上厚重的中华文化的承载。二十四节气是中国历史文化的精髓，其中的历史故事、风土人情、健康养生、名人传记数不胜数，可以说二十四节气的由来，就是中华历史文化的演变。"中国天气"借助得天独厚的二十四节气中华文化优势，结合品牌的文化内涵，把品牌故事演绎得淋漓尽致。一首"我要穿秋裤"的RAP，在各个圈层中广为流传，深受好评；"蚊子出没地图"，让一个貌似很简单的生活消杀产品品牌成为育婴、出行、户外运动的好助手，而品牌也获得了传播上的优质回报。从万千风云之变，联系到小小蚊虫的轨迹，真可谓思维的创新、传播的创新、价值的创新。

"中国天气"的营销团队，有干劲、敢打拼、能吃苦、善思考，与这样优秀的团队一起工作，虽然经常要通宵达旦，但灵感经常"来自天外"，创造出很多超于寻常的传播方案。团队领导的凝聚力更是首屈一指，带领团队冲锋陷阵、攻坚克难，在今天竞争态势日趋复杂、传播环境快速迭代的背景下，一支可以听党指挥、能打胜仗的队伍，为"中国天气"品牌的发展与成功奠定了坚实的基础。

今天的"中国天气"品牌，已经取得了令人瞩目的成绩，但是我们必须清醒地认识到"雄关漫道真如铁"，更要做好"而今迈步从头越"的充分思想准备。今天消费者的生活行为轨迹、媒体接触行为更加多样和复杂，传播平台的发展也更加迅猛和融合。新一代的传播，必须建立在对消费者充分的了解和认知基础上，必须建立在充分的对政策把握和环境认知基础上，也必须建立在充分发挥平台优势、内容优势和传播优势基础上。今天所取得的一切，不过是一次新的出发；今天的辉煌，只是前进道路上的一束亮光。在前进的道路上，还有更多的山峰等待翻越，越过山丘，才能发现成功的等候。

祝福"中国天气"，祝福白静玉主任和她的团队。我们每一个关心、爱护"中国天气"的人，愿意为"中国天气"长相守、共时艰，愿意与"中国天气"一起努力，再创新的辉煌。

中国广告协会发布者委员会秘书长　田涛

担当社会责任　搭载政务公益

　　党的十九届六中全会强调，站在中国社会、经济发展的新阶段，我们要贯彻创新、协调、绿色、开放、共享的新发展理念，构建高质量发展的新格局。

　　面对百年未有之大变局，以及新冠疫情的反复和不确定性、中国经济在高速增长后的转型、媒体在新技术倒逼下的激烈竞争，"中国天气"的广告营销与其他传媒机构的营销工作一样，面临着严峻的挑战。

　　本书向我们展示了"中国天气"如何用全新的理念，站在客户和市场的角度，不忘初心，保持担当社会责任的姿态，实现创新营销的方法和模式。

　　快速浏览全书，首先看到的是经营者对"中国天气"展开的多个层级的创新，展现出一个平台经营管理者的韬略、务实与前瞻。

　　率先实施的是入门级别的创新。针对变化和不确定市场，推出基于天气预报原有产品的碎片化、效果化、数字化、体验化营销策略。这样的做法立足存量，拓展增量，迅速扭转下行市场。很多经营改革者在初期失败，就是因为改革过于大胆，失去了存量。而"中国天气"立足基础业务，保存量的开局，为可持续发展打下了成功的基础。

　　在初获成功的时刻，"中国天气"立即推出了第二个层级的营销——以"中国天气"金名片为核心的 IP 化营销。利用这个超级 IP，有效地将政务与商务、内容与广告、品牌与效果、传统与创新、线上与线下融合在一起，实现了全面的融合创新营销。

　　今天"中国天气"的营销已经稳步领先地进入了"元宇宙"或者说是AIGC（智能化生成）时代，虚拟主播、智能场景化内容生成，为平台可持续经营打开了无限的空间。

　　细读本书章节，会从中读出当今传播营销成功的精髓——担当社会责任、搭载政务公益。"中国天气"的营销始终立足于服务社会，为公益和社会发展创造最大化价值，而不是商业博弈和竞争。"中国天气·二十四节气研究院""全国春耕地图"等这些全新的营销工具和模式无一不是在实现社会价值的同时实现自身的营销价值。

本书不仅向我们展示了新时代、新理念下的媒体营销方法论，更是企业市场传播创新营销的工具书，从"天气"这个细分领域，向我们展示了公益化营销、融合营销、内容化营销、场景化营销、媒企深度合作营销的新方法。

无论是服务业还是制造业，在"新消费"背景下，内容化营销，特别是符合新时代导向和价值观的可营销内容，是短板，更是"刚需"。"中国天气"及时地创造了这样的供给，为企业发展提升格局、持续赋能。书中大量的实操成功案例，是企业经营者创新营销可直接套用的模板和可复制的标杆。

阅读此书，思路奔涌，内心的焰火被点燃……在大变局中开新局，在危机中育新机，企业营销、媒体传播营销创意无限。用新的理念构建新发展有了新的思路格局，实战和理论结合，行业高渗透卖点，跨界破圈但坚守主业，是本书最突出的亮点。

中国广告协会学术委员会常委　周伟

"中国天气"：独具魅力的稀有宝藏

10多年来，中国的市场营销环境发生了巨大变化，其中之一就是品牌的传播成本不断攀升，但传播效果并不理想。新媒体、数字营销的兴起，正考验着品牌制造企业、品牌传播从业者的升级焕新能力。消费者接收信息的路径碎片化、媒体传播形式多样化、传播内容丰富化，这对企业营销部门的营销水平都是大考。适逢华风集团媒体资源运营中心《天气营销》一书出版，借此机会我将榄菊集团与华风集团多年合作、一路走来的所思、所感、所为与大家分享。

《天气预报》是我们身边的健康使者。中央电视台《天气预报》节目伴随着我们成长，从1980年开播走过了42年历程，那熟悉的旋律亲切悦耳，成为我们了解气候、关心节气、出门远行的良师益友。"气象部门要把天气常常告诉老百姓"，这是毛泽东同志对气象工作的指示。"服务美好生活需求、助力美好生态宣传、致力美好家园建设"是华风气象传媒的使命担当。天气变化与虫害出没密度紧密相关，基于我们所在的行业，我和我的团队一直都在关注"中国天气"。

榄菊集团专注杀虫领域近40年，是行业领军企业。消费者对榄菊产品的需求与气候变化密切相关，以"护卫人居健康、共享静美生活"为使命，"榄菊"需要把解决广大民众由于天气变化带来的虫害影响的驱蚊杀虫产品推介给消费者。双方企业使命相向、媒体和品牌受众定位吻合，且背靠央视平台，传播受众广泛，"中国天气"成为榄菊品牌和产品传播最合适的媒介平台，也是消费者最好的健康使者。

《天气预报》是媒体传播的制高点。《天气预报》节目是中国气象局华风气象传媒在中央电视台运营的媒体平台，站位高、资源稀缺、受众广、权威性高、企业筛选严格、含金量高，是名副其实的"宝藏资源"。中国14亿人中有近 8 亿在收看，伴随着天气播报，一批与健康和节气变化相关的品牌，如快克、波司登、颈复康、史丹利、蓝月亮等都成了老百姓耳熟能详的国民品牌。

气象团队敢想会干融媒体。大家知道，平面媒体有一定的传播局限性，这也正体现了华风传媒团队的智慧。为了把"资源宝藏"打磨成"金名片"，白静玉主任带领媒体资源运营团队充分整合央视多频道电视资源，如环球气象公众号、自媒体，甚至小红书、抖音、腾讯、爱奇艺、优酷、人民日报客户端等新媒体资源，组合成强大的媒体传播矩阵；又结合奥运营销，整合北京卫视奥运纪实频道、CCTV-5 体育频道，通过媒体融合、内容植入、平面广告与视频广告结合，使传播的形式和内容得到了极大丰富，华风媒体运营团队借助自己的特色和优势，可以说与时俱进，与企共舞，玩出了媒体新花样。

气象团队真情真意强赋能。华风集团的领导李海胜董事长、王晓江副总经理（时任）多次率领团队到企业听取市场的意见和建议，与大家共商共创，这可能是我见到的传媒领域最接地气、最拼的运营团队了。著名气象专家宋英杰老师每年多次往返北京、广州，与榄菊科创中心的工程师们一起研究蚊虫习性与气候变化机理，数据积累成千上万，还从中国几千年积淀的文学诗词浩瀚海洋中寻找古人研究的足迹，费力劳神、极具专业性地解读先人智慧，拍摄成通俗易懂的系列视频《文学中的蚊学》，填补了中国"蚊学"诗词研究空白，敬业精神、严谨的治学态度让人感动万分、受益颇多。运营中心的李婷婷副主任率领团队与我们市场部的小伙伴工作在一起、战斗在一起，借助"中国天气"的雄厚专业力量，创造性地开发了"蚊子地图""蟑螂地图"，并在传媒领域延伸了"秋裤地图""感冒地图"等。榄菊集团与华风集团合作三年多来，白静玉主任率领团队把气象独有的内容资源、媒介资源与企业需求完美整合，创造性地开发出了跨界和融合的多个好产品。

媒企融合共创结硕果。在媒体转型的新时代，"榄菊"有机会借助"中国天气"这样的高端融媒体传播平台，打造顶流专业传播生态，品牌活力和认知度得到极大提升。凯度消费指数调查结果表明，在过去四年，榄菊集团的品牌渗透率年平均增长 6.8%，超过行业增长速度 2 倍多，领跑于行业。我们与

"中国天气"的合作案例也两次荣获 ADMEN 国际大奖营销案例金奖。

华风气象传媒《天气营销》一书即将出版，实是万分期待。此书从品牌价值传播、公益赋能、案例营销多维度分享价值和经验，值得细品。也希望更多的品牌能够了解天气营销，通过"中国天气"的融媒体传播平台触达千家万户，成为真正的国民品牌。

祝"中国天气"这张名片金光闪闪，永远绽放！

时任揽萄日化集团总裁　薛洪伟

风景这边独好

"听渔舟唱晚，品冷暖人生"，对于绝大多数的中国老百姓而言，对"中国天气"的了解，更多的是 CCTV《新闻联播》后的《天气预报》。40 多年来，《天气预报》陪伴了一代又一代人的成长，成为众多人生命中的一个记忆符号。

快克药业与"中国天气"的结缘也源于《天气预报》。上一轮合作还要追溯到 2005 年，那次我们一起创造了很多新的广告形式，也开创了天气预报广告的一些先河。而这一次的再续前缘，则要感谢穆虹老师的牵线搭桥，让我们再次走进"中国天气"，走进金名片工程，也让我们有机会更全面、更深入地重新了解和认识了"中国天气"。

40 多年来，《天气预报》节目服务了数以亿计的中国老百姓，成为天气预测方面最权威、最具公信力的平台。而我国气象事业则有着超过 70 年的发展历史，积淀了海量的数据信息和优质资源，是一个巨大的宝藏。而如何开启这个宝藏，则是摆在大家面前一个很现实的问题。有幸的是，我们看到了"中国天气"品牌正式推出之后很多方面的改变，有睿智的领导、博学的专家、勤奋的营销团队，正是他们让"中国天气"焕发了新的生机和活力。

首先是以李海胜董事长为代表的华风集团领导。虽然与李海胜董事长的接触并不多，但每一次接触都能深切体会到华风领导的胸怀和格局。在李海胜董事长身上丝毫看不到国家级媒体平台的优越感，更多的是平和、谦逊，是站在企业的角度思考品牌如何发展，如何探寻新的合作模式和新的合作机会。也正是因为企业领导有这样开拓创新的精神，才有了快克药业与"中国天气"全平台、多形式的深度合作，才有了快克药业在《天气预报》"节气提醒"处的预防感冒挂角提示，才有了大家熟悉的"秋裤地图""抗冻地图"等一系列作品的诞生。

然后就是以宋英杰老师为代表的华风专家团队。其实认识宋英杰老师超过15年了，但直到这次深度合作，才真正了解到，宋老师除了博学专业、风趣幽默外，还对中国传统文化、二十四节气、气候和气象事业有着深深的热爱。也正是这份热爱和对节气气候的深入研究，助推了"中国天气·二十四节气研究院"的成立，而快克药业也很荣幸地成为节气研究院的副院长单位。快克药业常年致力于研究感冒领域，而天气的变化与感冒息息相关，基于此，我们与宋老师团队一拍即合，共同成立了"节气变化与感冒趋势研究院"。希望利用气象大数据与快克药业30年来积累的流感数据和感冒市场的营销数据，共同分析出节气变化带来的感冒趋势变化，从科普的角度提示如何根据节气变化提前预防感冒和流感的发生，相信在不久的将来，正式的研究报告就会和公众见面。

最后就是华风有一支非常优秀的营销团队。特别是本书主编白静玉主任带领的一支年轻队伍，非常敬业、非常勤奋，同时也非常务实，处处为客户着想。正是这样的团队，才把"中国天气"积累多年的宝贵资源转化为一个又一个与客户合作的项目，让很多看似不可能的项目或者在不可能时间内完成的项目都得以高效推进和落实，赋能更多中国企业和中国品牌。

敢于开拓创新的领导、专业博学的研究团队、勤奋务实敢为人先的营销团队，正是这"三驾马车"构成的铁三角成就了"中国天气"的再次腾飞，也才有了《天气营销》这本书的问世。

展卷阅读，本书系统阐述了"中国天气"的品牌内涵和营销价值。一方面，不忘公益初心，在坚持防灾减灾、服务社会、改善民生使命的同时，适应时代发展，将气象信息以更多老百姓喜闻乐见的方式传递给大众，为百姓的衣食住行提供一系列帮助，特别是在极端天气情况下，对如何规避风险、防灾减灾给予相应的指导和建议；另一方面，以天气为核心的"破圈"营销，以"中国天气"的公信力为企业和品牌背书，让更多优秀的企业和品牌借助"中国天气"的平台，助力企业成长，成就更多品牌。此外，书中的一些公益价值主张和经典案例分享，也必将给气象相关服务和品牌运作的从业者带来巨大启迪，相信大家都会受益匪浅。

与大平台相伴，共同成长；与智者为伍，行稳致远！祝"中国天气"越办越好，也祝天气营销在未来有更大的发展，带给大家更多的惊喜和震撼！

海南快克药业有限公司总经理　王志昊

前　言

《天气营销》：符合时代步伐的气象媒体新主张

《天气营销》这本书历经三年时间，终于完稿。在华风集团领导的关心下，由十几位专家老师悉心指导，全体"中国天气"品牌营销同仁们共同努力，各政、企朋友们共商共建，通过真实案例的反复推敲和检验，终于总结梳理出一套以天气元素为核心，融合各行业产品特色，整合"中国天气"传播资源矩阵的方法论，实现真正的内容破圈、传播破圈、用户破圈，进而实现"中国天气"与各行业的理念破圈，同频共振，与消费者产生共情，使"中国天气"品牌成为链接企业与消费者的情感纽带。

"中国天气"以公益为初心，以服务社会为己任，以气象防灾减灾为根本目标，历经几十年的深厚积淀，在 2018 年 8 月 8 日，终于厚积薄发，正式发布了全国气象服务品牌——"中国天气"。一曲《渔舟唱晚》陪着几代人共同成长，每当音乐响起，脑海中浮现的永远是一家人围坐饭桌前，饭菜飘香，其乐融融。"中国天气"带给每个人的是温暖，是亲情，是长情相伴。

在传统媒体与新媒体相生相伴、此消彼长的今天，"中国天气"苏醒得较早，以中国天气网和中国天气客户端为代表的天气新媒体一直拥抱新技术，不断自我迭代和创新，稳坐国内服务类网站第一和天气客户端下载量领先的地位。随着媒体碎片化，天气服务利用本身就是碎片化信息的特点，在各自媒体平台也都有一席之地。"中国天气"品牌扎根于用户需求，把握媒体发展的趋势，"蚊子地图""秋裤地图""冻哭地图"等一批符合现代受众需求的产品层出不穷，地图产品一经问世，几乎霸屏热搜。感谢新技术的发展给"中国天气"带来的生机和活力，使其茁壮成长！

"中国天气"品牌拥有如此巨大魅力，吸引了广告界各位前辈巨匠的驻足，如金国强、穆虹、黄升民、金定海、陈刚、田涛、周伟、董立津、林如海等。传统媒体都在寻找破解之法、转型之道，"中国天气"初出茅庐，虽然稚嫩，但由于有着深厚积淀，所以迸发出强大生命力，穆虹老师称其为"营销界杀出的一匹黑马"。也正因如此，在各位前辈老师的悉心呵护下，"中国天气"走出一条传统媒体未曾尝试的路，那就是"融合破圈、整合营销"，这也是后来"中国天气"金名片工程系列活动策划的源头。

作为"中国天气"品牌的倡导者之一，也是华风集团媒体资源运营的主要负责人，我很珍惜这个诞生在我们这一代人手中的品牌营销的道路、方法和产品，我有责任把它们都记载下来并传承下去，这是对为中国天气奋斗几十年的前辈们的尊重，是不负关心品牌建设的领导们的重托，是答谢呵护品牌成长的专家和企业家们的点滴，更是感谢我们所有奋战在"中国天气"品牌旗下的工作人员的承载。这三年失败的次数不胜枚举，跌倒了再爬起，我们从不气馁，也希望《天气营销》这本书能让更多从事品牌营销、从事天气营销的同行或者后来者们从中借鉴，取其精华，去其糟粕，能有助万一，就是巨大价值了。

《天气营销》一共分四个部分，包括轻风卷、舒云卷、春雨卷和惊雷卷。第一部分是"轻风卷轻风细雨总归晴"。在各位领导的殷切期望中，"中国天气"从无到有，从蹒跚学步的天气品牌到绽放异彩的营销金名片，她结合了气象服务的公益性与科普性，坚守了为公众服务的根本，又拓展了符合时代要求的新功能。第二部分是"舒云卷云在高山空卷舒"。重点论述了"中国天气"品牌的营销价值和品牌内涵，最值得关注的是业内专家们对"中国天气"品牌的洞察和历次的经典论述，也是《天气营销》最核心和精华的部分。第三部分是"春雨卷天街小雨润如酥"。主要是针对政府的生态文明建设、乡村振兴、区域品牌宣传等案例，另外还有"中国天气·二十四节气研究院"成立后在节气之城、节气之旅等方面的工作介绍，这部分比较适合政府宣传部门的领导或者希望给各地政府宣传做策划方案的营销人员，可能会给予一些启发。第四部分是"惊雷卷雷声却擘九地出"。这部分也可以叫商业案例部分，主要是总结了几个典型的商业营销案例，基本每个案例都不相同。因为各行业与天气的结合点也不一样，有侧重防灾减灾的，有侧重服务民生的，有侧重科普宣传的，各有特色，但都有一个共同特点就是关注"民生"，一切为了人民，这也许是我们能最终走在一起的根本动力。

刚刚庆祝完建党 100 周年，我们党走过了百年沧桑，也迎来了风华正茂的新时代。"中国天气"品牌与新中国一起诞生，历经 70 多年的风风雨雨，在媒体碎片化、信息多元化、营销分散化的时代背景下，"中国天气"品牌卓尔不群，熠熠生辉！我们有气象媒体的主张，有气象强国的自信，更有气象品牌赋能的专业价值！冬去春来、寒来暑往，"中国天气"品牌伴您风雨无阻，一路向前，行稳致远！

华风集团媒体资源运营中心　白静玉

目　录
contents

春雨卷 天街小雨润如酥

公益赋能——

第六章 "中国天气"助力政府生态建设、农业发展

第七章 致力公益 "中国天气"彰显社会责任感

第八章 二十四节气——传统文化节气公益新赋能

惊雷卷　雷声却擘九地出

案例营销——

轻风卷

轻风细雨总归晴

"中国天气"助力城市生态文明建设

中国气象局副局长　于新文

党的十八大以来，习近平总书记一直强调生态文明建设的重要性。习近平总书记强调，要贯彻创新、协调、绿色、开放、共享的发展理念，加快形成节约资源和保护环境的空间格局、产业结构、生产方式、生活方式，给自然生态留下休养生息的时间和空间。树立和践行"绿水青山就是金山银山"的理念，形成绿色发展方式和生活方式，坚定走生产发展、生活富裕、生态良好的文明发展道路。这彰显了党中央对生态文明建设的高度重视。

大家知道，气象无所不在，它已成为国计民生重要的部分，作为气象部门，如何发挥气象科技型、基础性的作用，服务于美丽中国建设，我认为在三个方面需要担当：

一是气象要成为美丽中国的建设者。我们要充分利用气象手段，在改善生态环境上下功夫，如可在重要生态领域加强森林、草原、湿地、冰川、河湖等自然生态常态化气象作业，为美丽中国建设做出应有贡献。

二是要作为美丽中国的守护者。我们应该利用自身的科学技术和手段，在保护生态、提高人民防灾减灾的能力上下功夫，如可开展以气候资源开发为主的精细化气候评价可行性论证，为生态红线划定提供权威可靠的技术支持。

三是要作为美丽中国的传播者。这也是我们今天发挥"中国天气"品牌助力城市生态文明建设的出发点，良好的生态环境可以成为人民美好生活的增长点和经济社会持续健康发展的支撑点，我们要利用"中国天气"的品牌，进一步去宣传、去示范，发出权威的声音。

可以说，"中国天气"品牌的建设和推广过程是气象部门助力生态文明建设重中之重的工作之一。在不到一年的时间里，气象部门围绕"中国天气"品牌建设进行了许多大胆的尝试，做了非常多的工作，这些工作都取得了比较不错的社会反响。目前，在中央广播电视总台的大力支持下，"中国天气"已经形成以中央电视台气象影视节目和中国天气网新媒体传播平台为核心的媒介传播资源，集电视、网络和手机 App 气象服务于一体，汇聚了一批优质的气象服务宣传资源和平台。对于未来如何更好地打造"中国天气"品牌，我提出以下四个方面的意见：

一是高度重视生态文明建设的宣传，积极发声。"中国天气"要在信息发布方面始终秉承对社会和公众负责、全媒体发布、全领域服务的服务理念，做美丽中国、美好生态的"信使"，通过"中国天气"品牌独有的资源和品牌优势向全国展示美丽中国、美好生态，向全世界展现我国的美丽形象。

二是积极融入政府的生态文明建设，有为有位。希望各地生态文明建设气象保障服务工作能充分融入各地经济社会发展和生态文明建设中，纳入服务体制改革、业务技术体制改革和业务布局调整中。各地要因地制宜，及早谋划，对接地方需求，先行先试，大力推进。

三是大胆创新，开拓进取。在传播模式上，不拘泥于传统，勇于开拓创新，采用最新的技术及理念，为地方政府提供更多优质的宣传资源和平台，与地方有关部门开展多领域、多层次、全方位的合作，打造出更多高品质的服务内容，不断推进气象助力地方生态文明建设。

四是形成合力，打造"中国天气"全国的大品牌。"中国天气"品牌的建设和推广要充分调动全国气象部门的优质资源，国家、省、市、县要联动发力，同时联合地方有关部门的优势力量，满足气象助力美丽中国、美好生态建设的核心要求。

生态文明建设既是中国特色社会主义事业"五位一体"总体布局和"四个全面"战略布局的重要组成部分，也是气象部门新时代开展生态文明建设气象保障服务的行动指南。对于公共气象服务工作来说，各级气象部门要紧紧围绕党中央关于生态文明建设的各项决策部署，充分发挥部门优势，履职尽责，以强烈的使命感和责任感，做好美丽中国的建设者、守护者、传播者。

文章来源：
2019 年厦门"中国天气"助力城市生态文明建设资源推介会讲话实录

"中国天气"的品牌化传播

中央广播电视总台总经理室常务副召集人　任学安

气象信息的发布、天气资源的覆盖，几十年来影响老百姓生活的方方面面，大众对天气信息都十分熟知。2018年，"中国天气"把国家战略"建设美丽中国"融入品牌理念，全新升级。"中国天气"品牌行动计划包括全面升级央视天气节目、深度拓展气象全媒体服务、气象助力美丽中国主题活动等。中国气象频道、中国天气网、中国天气通等服务平台均被纳入这一品牌之下，打造全媒体传播矩阵，形成发展合力。这一举动让"中国天气"在品牌传播方面迈出了重要的一步。

《新闻联播》后的《天气预报》节目是中央广播电视总台和中国气象局首档共同制作的公共气象服务类节目，该节目40多年来从未缺席，让百姓从节目中体会到了气象部门的细致关怀，感受到了中国在气象信息方面的科技力量。"中国天气"品牌的重新整合、发布和传播，对于国家来讲意味着科技能力的体现，对于老百姓来讲是更好地安排自己生产、提升自己生活水平的抓手，对媒体来讲是更好服务于观众的能力体现，最重要的是，广告主通过这样一个独家传播资源进行品牌化传播，体现了非常重要的能力建设，也体现了品牌传播的优势。

"中国天气"作为中央广播电视总台重要的合作伙伴之一，其品牌化传播的新方式，将有助于中央广播电视总台在天气信息资源方面提供更多的服务于观众和企业主的窗口。早在40年前，中国气象局华风气象传媒集团和《新闻联播》节目就共同打造了中国最重要的观察时政、社会、国际、自然变化的窗口。依托于这样的传播窗口，中央广播电视总台在2017年推出了CCTV国家品牌计划，该计划包含响应扶贫攻坚战的广告精准扶贫项目、宣传大国重器的国家重大战略工程品牌传播项目以及助力商业品牌升级的中国品牌升级服务项目。总台通过这三个项目构成了完整的传播体系，运用统一的视觉化元素，进行全方位资源传播和塑造。这个传播计划主要就是依托《新闻联播》《天气预报》《焦点访谈》前后的传播资源展开，以及从公益出发、以公益理念为主来设计的，极大地提升了以广告资源服务于国家大政方针的传播能力。这一计划运行几年来，在中共中央宣传部的领导下，在国家市场监督管理总局的指导下，是对习近平总书记关于"广告宣传也要讲导向"的一次很好的探索和实践，也是中国广告界最重要的创新之一。

"中国天气"品牌新的整合发布对于中央广播电视总台，尤其是对于以央视为主的 5 个频道天气信息的发布窗口来说，品牌传播价值有了更大的提升。随着"中国天气"品牌化传播的构建，国家品牌计划以《新闻联播》《天气预报》《焦点访谈》为主资源展开的价值将会在五大主要频道全天候推出新的发布方式。"中国天气"品牌还在不断地进行发布方式的改进和创新，不仅能服务好企业和品牌，更重要的是能够让更多地区"美丽中国"建设的重大成果通过这个窗口有更好的展现。

"中国天气"的品牌化传播，对于客户、品牌、企业以及总台和中国气象局都具有非常重要的影响。这样的创新和变革，让中国广播电视总台和华风气象传媒集团携手共进，运用好、挖掘好这一独特的传播资源，更好地服务于中国的美丽山川，更好地服务于中国的优秀企业和品牌，希望未来有更多的建设成就能够通过"中国天气"品牌化传播得到非常好的展现。"中国天气"必将实现以气象助力美丽中国建设这样一个新的构想！

文章来源：
2018 年 8 月北京"中国天气"品牌发布会讲话实录

"中国天气"金名片开辟气象媒体
传播新时代

中国广告协会会长　张国华

改革开放以来，中国广告产业规模迅速扩大，1982 年全国广告经营额仅有 1.5 亿元，2018 年全国广告经营额达到 7994 亿元，是 1982 年的约 5329 倍，中国早已成为世界第二大广告国。在现代社会中，广告正深刻影响着各个领域。

作为传媒业的重要组成部分、行业媒体的主力队员，华风集团在服务人民美好生活、助力祖国全方位建设等方面发挥着重要的作用，华风为社会所提供的公共气象服务，以及气象广告在企业品牌建设与传播上所做出的贡献，有目共睹：于个人，是获取天气信息、了解消费知识、更新消费观念、追求美好生活的重要途径；于企业，是开拓市场、塑造品牌、宣传企业文化、增强自主创新能力的有力工具；于城市，是打造城市文化、宣传城市形象、提升城市竞争力的重要手段；于社会，是弘扬时代主旋律、倡导核心价值观和创新社会管理的重要载体；于国家，是引导消费扩大内需、拉动经济增长、加快转变经济发展方式和提升文化软实力、树立国家形象的积极助推力量。

新的时代赋予广告新的任务和使命，也带来新的发展机遇。新的任务和使命在于，各级媒体要落实"广告也要讲导向"的重要指示，以新时代中国特色社会主义思想为总要求，贯彻"创新、协调、绿色、开放、共享"的发展理念，加强创新驱动和融合发展，努力提升专业化、集约化、国际化发展水平，提高发展质量和效益，增强服务能力，为服务国家改革开放和经济文化发展做出新贡献。

融合是新经济发展大势所趋，各媒体纷纷抓住这一良好机遇，加强内部要素间的融合发展；传统广告媒体加强与新兴媒体、互联网的深度融合，建立新的数字广告生态，以"互联网+广告"为核心，实现跨媒介、跨平台、跨终端整合服务；广告业加强与装备制造业、消费品工业、建筑业、信息业、旅游业、农业和体育产业等重点领域的深度融合，助推产品开发、市场开拓、品牌树立，实现互动互利发展，服务供给侧结构性改革；广告业与其他现代服务业、文化产业也要进一步融合发展，不断推进广告业跨行业、跨领域的产业融合，构建新型广告产业生态圈。

近一两年来，从"中国天气"品牌计划的发布，到"中国天气·二十四节气研究院"的成立，再到"中国天气"金名片工程及短音、视频新产品的发布，华风集团在理念创新、资源整合、媒体融合、产业融合、营销开拓等方面紧紧围绕国家的重要指示和战略部署，解放思想、开拓视野、找准定位、大胆创新、勇于实践，令人赞许且倍感期待。

我想，无论媒体、产业如何融合，技术如何发展，资讯、内容的独特、独家、权威，都是一个媒体区别于其他媒体的特定而重要的标签，也是获得用户、获取关注、获得"流量"的重要工具。"中国天气"在气象数据的分析、挖掘、应用、传播方面拥有绝对的优势和独家的资源。在当前碎片化的传播环境下，品牌想要在激烈的市场竞争中脱颖而出，选择"中国天气"应该是一个机智的选择。这主要是从以下三个方面来进行考量：

首先是媒体的传播广度与时点。时点决定着人们的关注度，"中国天气"金名片工程的核心资源——《天气预报》节目位于全国收视率最高的《新闻联播》之后，是在央视的黄金时段播出，收视率、转化率都非常高，其价值不言自喻。

其次，时段好收视率却不一定高，关键还要看内容。天气信息是最具有公众服务功能的信息，与人们的生产生活息息相关，直接影响着大众的出行、工作、旅游等方面，在黄金时段呈现黄金内容资源，正是《天气预报》的价值所在。

最后，通过《天气预报》，你能看出一个人的生活和乡情。因为和生活密切相关，我们会关注所在城市、地区的天气如何，也因为挂念家乡的亲朋好友而关注家乡的天气，这是乡情的体现，为《天气预报》增加了人文情怀与社会价值。

所以说，以天气资讯为纽带和链接进行传播的"中国天气"金名片工程有着特殊的意义和价值，可以为品牌提供非常优质的宣传渠道。我觉得，未来"中国天气"还有很多工作要做，很多价值可挖掘，或是新的节目形式，或是新的广告形式，抑或是新的媒体传播形式等，非常希望能够看到"中国天气"深耕优质资源，发布更多独家内容，期待看到"中国天气"的传播力和影响力更上一层楼，为更多的"中国制造""中国创造""中国品牌"开拓国际市场、树立民族品牌和提升国家形象提供广告服务，用气象广告传播中国特色，讲好中国故事，开辟气象媒体传播的新时代！

文章来源：
2019 年 9 月北京"中国天气"金名片资源发布会讲话实录

携手共建　提升"中国天气"品牌公益性

中国气象局应急减灾与公共服务司副司长　薛建军

2018年8月8日，中国气象局正式对外发布公众气象服务品牌"中国天气"，目标为汇聚全国气象部门的力量，成为美丽中国的建设者、守护者和传播者。从"中国天气"品牌的强势打造，到"中国天气"金名片工程的重磅推出，再到"中国天气"金名片工程的全新升级，"中国天气"从未止步，不断突破圈层、打破壁垒，探索气象营销新模式，全力打造大国名企、大国名品、大国名城、大国名景，为中国品牌提供源源不断的发展动能。

得益于党中央、国务院的亲切关怀和社会各界的关心支持，在中国气象局党组的正确领导下，中央气象台与华风集团等兄弟单位联手共同服务于国家经济社会发展和人民福祉安康，不断提高天气预报的准确率和服务水平，取得了显著的经济效益和社会效益，成长为我国气象业务的核心力量和国际认可的世界气象中心。

创新是一个民族进步的灵魂，也是国家兴旺发达的不竭动力。中国精神体现着创新发展的时代要求。"中国天气"团队拥有青春的力量、充满崇高的理想，近年来不断探索气象媒体破圈融合的创新发展之路，借助年轻而强大的品牌力量，为权威气象服务加入青春活力。我相信，"中国天气"有资格提出，也有能力做好"青春气象"。

我希望中央气象台在不忘初心、牢记使命的前提下，始终以保障经济社会发展和人民福祉安康为己任，加强现代化能力建设，不断提升预报的精细化程度，着力提升极端气象灾害和高影响天气的预警水平，为加快建成世界一流气象中心努力奋斗，为建设气象强国和实现中华民族伟大复兴的中国梦做出积极贡献。

文章来源：

2021 年北京"中国天气"金名片工程创新资源发布会讲话实录

"中国天气"金名片：天气资源价值的极大提升

中央广播电视总台总经理室客户服务一部主任　冯惠

2020 年上半年，在应对重大突发公共事件时，中央广播电视总台坚守新闻舆论工作的职责与使命，充分发挥主流媒体的权威性、专业性，在得到社会各界和全球舆论高度好评的同时，也进一步彰显和提升了总台强大的引领力、传播力和影响力。

根据中央有关部门的指示精神，近年来，总台对电视媒体的布局正朝着内容供给侧结构性改革靠拢，总台改革下的电视平台正在实现新的突破。尤其是"联播黄金档"改版工程，《新闻联播》领衔黄金档节目《天气预报》和《焦点访谈》，从主持形态、节目形态、镜面包装和视觉效果方面同步进行了全面创新改版，以适配总台全高清制播的改革声浪。

总台与中国气象局的合作已有 40 余年，《天气预报》节目是总台电视栏目的重要组成部分。多年来，总台总经理室始终把社会效益放在首位，《新闻联播》和《天气预报》在 40 年前就共同构成了中国最重要的观察时政、社会、国际、自然变化的最重要窗口。总台总经理室和华风集团以服务国家、服务大众为初衷，得益于科学技术的发展，从公益出发、以公益理念为主来为中国品牌打造优质高效的传播资源。高质量发展的中国经济需要一大批优秀的中国品牌，而中国品牌的进一步成长需要更经济、更有效率的市场营销环境来助力。希望用总台和气象局线上、线下最重要的传播资源为国家重大战略、为中国品牌代表中国参与全球市场竞争和文化交流提供更加完善的服务。

2018 年 8 月 8 日，"中国天气"品牌在京发布，总台尤其是以中央电视台为主的天气资源传播价值有了极大的提升。这次"中国天气"的资源升级是坚持守正和创新相统一的重要实践，"中国天气"在央视发布方式的改进和创新，不仅能服务好企业的品牌，更重要的是能够让更多的地区在"美丽中国"建设过程中的重大成果通过这个窗口得以很好的体现。

我们有信心和华风集团一道，运用好、挖掘好这一独特的传播资源。希望"中国天气"的资源升级能够为受众带来全新的体验，也希望各界朋友能够抓住"中国天气"资源升级的新机遇，加强与总台和气象局的深度合作，实现品牌高效传播，助力品牌进一步升级。

感谢中国气象局、中央气象台和华风集团多年来对总台的大力支持以及高度信任！凭借精诚合作、互惠共赢的理念，相信我们将继续携手，共同为亿万电视观众提供更加优质的服务，也为品牌传播做出更大的贡献。

文章来源：

2020 年广州"中国天气"金名片资源升级会讲话实录

云在高山空卷舒

舒云卷

第一章 "中国天气"品牌发展史

可能很多人会好奇,一家制作《天气预报》栏目的公司为什么要做品牌战略?人人皆知的节目只要天天出现,知名度自然就有了。如果真如此,王牌节目不再迭代创新,公众气象服务前进的方向和奋斗的目标就会越来越迷茫。

"要把天气常常告诉老百姓"

从气象定位来说,提出一个品牌战略是符合服务国家重大战略部署的必然要求。新时代中国特色社会主义建设要求气象部门必须提供更高标准、高质量、精细化、权威性的气象服务。2019年正值新中国气象事业70周年,习近平总书记、李克强总理和胡春华副总理对于气象工作提出了"服务精细"的要求,着力提升气象服务保障生命安全、生产发展、生活富裕、生态良好的能力已成为新时代气象部门的重要目标和使命。气象服务业务集约化水平、气象服务产品供给能力、气象服务市场规模化程度等一系列的指标,都需要有一个强大的气象服务品牌实体来支撑和推进。因此,我国气象服务品牌化发展已迫在眉睫。

从品牌化经营的角度来说,第一,建立品牌是权威认证、增加信任感的途径之一。公共气象服务虽然经过几十年的积累和努力，在政府、企业和百姓心目中具备一定的公信力和影响力，但仍然存在影响力有限、公众对品牌认知不明晰等问题。所以"中国天气"品牌的提出，对于已有的市场来说，可以巩固专业优势，树立领先的行业形象；对于新拓展的市场领域，用自身的权威背书和成熟的气象产品体系打破信任壁垒，让公众和客户肯定我们的影响力，乐于使用我们的产品，有助于形成良好的口碑。

第二，建立品牌可以迅速打开市场，扩大影响力和竞争力。有了品牌，所有的资源和能力都可以集中于一个目标，拧成一股绳。通过每一次的传播扩散，让更多人了解"中国天气"品牌提供的服务、产品以及它们可以为消费者带来的价值。当创立的品牌达到一定高度时，品牌的溢价能力就会凸显。比如当我们想要给私家车加油，只要认准中石油或者中石化的品牌，消费者就可以放心选择和使用，这就是品牌的信任值和溢价空间。

"天人合一　共享美好"

提到气象服务的开端，让我们把时间拉回到 70 年前。1953 年 4 月中下旬，一场几十年不遇的强寒潮席卷黄淮海地区的大片区域，气温骤降对华北广大地区的冬小麦产量造成重大影响。毛泽东同志作出重要批示："气象部门要把天气常常告诉老百姓。"这是以毛泽东同志为核心的第一代领导集体对气象工作提出的要求，也是"中国天气"品牌始终如一的品牌内涵与服务初心。

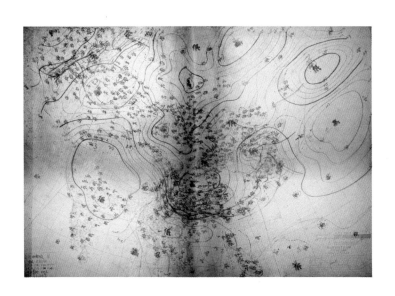

1953 年 4 月 11 日 20 时，地面天气图

1953 年 8 月 1 日，为使气象工作更好地为国民经济建设服务，
毛泽东主席、周恩来总理联合签署转建命令，决定将军委气象局改名为中央气象局

1956年7月1日，首次刊登天气预报的《人民日报》

气象公众服务对国计民生各个方面都有着直接影响。服务民生的公益属性与核心价值观根植于"中国天气"的品牌基因之中。1980年7月7日，中国气象局与中央电视台合作开播我国第一档电视天气预报节目——《新闻联播》后《天气预报》，我国成为世界上第一个由气象部门完全独立制作电视天气预报的国家。中国气象局每天制作14套电视天气预报节目，在中央电视台不同频道播放。

20世纪80年代初，CCTV《新闻联播》著名主持人李娟、
罗京在播报电视天气预报

2004年3月23日，天气预报向广播领域拓展，与中央人民广播电台经济之声（FM96.6兆赫）合作，向经济之声提供全天候的综合类天气资讯节目。这标志着首档天气资讯电台节目正式亮相。

2008年7月，中国天气网正式上线，凭借优质的服务，迅速成为国内气象门户网站的"领头羊"。目前网站可实时提供6万个国内外城市、乡镇、景区、机场、海岛、滑雪场和高尔夫球场的气象信息和服务，最长预报时效达40天，最小时间分辨率精细到5分钟，并在手机网站提供基于用户位置的预报服务。

2010年，"中国天气"App（原名："中国天气通"App）正式推出，这是由中国气象局官方推出的一款专业的天气应用App，着眼于为用户提供全方位的专业天气信息，是国内最权威的天气软件。

2018年，遵照"把天气常常告诉老百姓"的指示精神，中国气象局全面推进国家级公共气象服务深化改革，集合旗下媒体资源，全新推出"中国天气"品牌，依托国有气象服务龙头企业，打造权威服务品牌，对接和服务国家战略、百姓福祉。

钓鱼台的那个下午

2018 年 8 月 8 日，北京钓鱼台国宾馆，
中国气象局"中国天气"品牌正式发布

　　2018 年 8 月 8 日是"中国天气"品牌发展史上值得纪念的日子。由中国气象局主办，中国气象局公共气象服务中心、华风气象传媒集团联合承办的"气象助力美丽中国建设——'中国天气'品牌发布会"在北京举行。自然资源部、生态环境部、青海省委宣传部、云南省委宣传部、江西省委宣传部、央视总台广告中心、中船集团、中再集团等各界领导应邀出席此次会议。

　　此次发布会正式发布"中国天气"品牌标识，开启为生态文明建设提供全方位气象服务与宣传推介的品牌战略。

2018 年 8 月 8 日，北京钓鱼台国宾馆

时任中国气象局公共气象服务中心主任孙健发布"中国天气"品牌标识

　　发布会现场，时任中国气象局公共气象服务中心主任孙健介绍了"中国天气"品牌的服务理念——"天人合一　共享美好"，同时宣布了助力美好生态、守护美好家园、共享美好生活三大任务。

2018 年 8 月 8 日，北京钓鱼台国宾馆

时任华风气象传媒集团总经理李海胜现场解读"中国品牌"未来行动计划

时任华风气象传媒集团总经理李海胜详细解读了"中国天气"品牌行动计划的内容，包括全面升级央视天气节目、深度拓展气象全媒体服务、气象助力"美丽中国"主题活动等。

回顾当天"中国天气"品牌发布会，美好生态、美好家园和美好生活成为提及频率最高的词汇，也成为"中国天气"未来发展的行动指南。

此次"中国天气"品牌发布会的成功举办意味着"中国天气"品牌正式对外发布。这是"中国天气"品牌发展史上一个重要的里程碑，标志着"中国天气"品牌化建设进入了新的阶段。

时刻在你身边的贴心人

"中国天气"品牌涵盖国家、省、市、县四级全媒体服务渠道，包括广播、电视、网络、移动客户端、微信、微博等。"中国天气"还拥有基于位置的分钟级临近天气预测能力，可提供更权威、更准确的气象服务。"气象+行业"的合作模式也初显成效。

CCTV《新闻联播》后《天气预报》节目片头

除了大家熟悉的 CCTV《新闻联播》后《天气预报》外，"中国天气"品牌 CCTV-2 财经频道《第一时间　第一印象》、CCTV-7 国防军事频道《军事气象》、CCTV-17 农业农村频道《农业气象》、凤凰卫视《凤凰气象站》等影视节目已在 27 个国家级广播电视平台播出，实现了国家级新闻资讯类电视频道 100% 覆盖、国家级新闻资讯类广播频率 87.5% 覆盖，整体覆盖人群超过 10 亿。中国天气频道在全国 31 个省（自治区、直辖市）的 326 个地级以上城市落地，覆盖数字电视用户逾 1.2 亿户、覆盖人口超过 4.5 亿。中国天气网累计服务人次超过 800 亿次，单日最高浏览量突破 1.16 亿次；联合省级气象部门开展气象灾害直播、旅游活动推介等，总服务人次超亿万；开展"中国天气"系列气象科普活动，树立良好的社会服务形象。

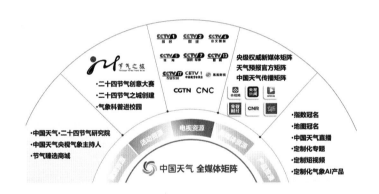

"中国天气"全媒体矩阵示意

而在这些媒体资源背后，分钟级精细化预报、社会化观测数据服务、"智慧+精准"气象服务技术都是"中国天气"品牌强有力的专业资源支撑。集中力量办大事，以期将"中国天气"品牌打造为国内气象服务行业龙头，发挥气象行业标杆作用。

第二章 "中国天气"金名片诞生记

2019 年 5 月，正值北京初夏，柳翠荷艳，雨后春笋纷纷拔地而起，来不及蜕去褐色的笋衣就已经长得很高，像长得太快的小孩子的裤子短了，总露着小腿，大地万物都透着勃勃生机。

初入广告界的"小白"

我被从一个做应急管理的岗位抽调来到华风广告部已经 11 个月，辗转请教了广告界内很多知名专家，用非广告人的思维，思考传统的气象媒体该往哪里走，华风天气预报的价值该如何挖掘，这曲《渔舟唱晚》已经陪伴着全国电视观众走过了 39 个春夏秋冬，早已成为人们心中的王牌节目和广告主的金字招牌，但总觉得这个"王"还少个"冕"。

"天气预报节目价值巨大，应该好好挖掘"，广告人穆虹老师每每见到我都会大加赞赏后略显惋惜。这天已经将近半夜，突然接到穆虹老师的语音，说请了各路大咖到天津，问我能不能一起去商议《天气预报》的资源价值。我被穆虹老师的敬业精神感动了，在这么忙的时候还能想到为华风的事操劳，我步入广告圈的时间很短，但是接触到的广告人都如此敬业可爱，让我不禁对广告这个行业充满了敬畏。

金台（中国广播电视社会组织联合会广播电视产业发展委员会专家组组长金国强）也一同前往。老先生从一开始就担心我不能融入广告圈，怕同行不给我"面子"，所以总是护着我，如师如父的陪同，从旁指点，但从不替我做决定，也从不计任何回报。每年坚持同夫人一起驾车远游，大概是极地跋涉造就了金台坚韧、豁达、无私的独特魅力，所及之处，人们无不折服，与之亲近，我们都从心里叫他一声"大家长"。会议还特别邀请了国际广告协会会长董立津、碧生源副总裁林如海两位大咖，专程为天气品牌营销"把把脉"。

四位老师听了我的报告后，都深思良久。董立津老师突然掷地有声地说："《新闻联播》《天气预报》同时具有三点其他资源都没有的价值：超强收视、超强覆盖、超强公信，这三个'超强'是所有广告主求之不得的黄金价值，你们宣传的太少了！"林如海老师作为资深品牌专家，也拧着眉毛，咬着嘴唇说："《新闻联播》《天气预报》因为太熟悉了，所以反而不容易被我们广告主发现，城市预报版正如各地的一张张名片，是各地宣传名城、名景、名品、名企的绝佳阵地！"穆虹老师、金台也都纷纷提出了意见：首先，一省只有一席，资源属于稀缺型；其次，这个位置属于央视招标的黄金 A 特段，寸秒寸金，全国关注；再次，像明信片一样的形式，也特别适合做形象和口号宣传；最后，在《新闻联播》后每天出现，加强品牌的持续渗透力，在权威媒体、权威节目中持续亮相，会极大提高品牌公信力和诚信度。综上种种，最后大家一致认为这个资源就叫"'中国天气'金名片"！

就这样，"'中国天气'金名片"这个名字诞生了。回到北京，我连夜跟田涛老师一起研究下一步的产品整合和宣传方案。就这样，我们陆续打造了日照会议、香山会议、品牌年轻节、广告节以及私享会上针对各地城市景观和商业宣传的"'中国天气'金名片"工程的营销方案，让广告界人士眼前为之一亮，也成为在 2019 年广告节上杀出的最具影响力的老品牌。就像一坛陈年老酒，窖藏 39 年，历久弥香，经年的醇厚香甜被再一次打开，引来无数业内懂行的人驻足称赞。

2019 年 10 月，江西南昌，"中国天气"金名片亮相第 26 届中国国际广告节

小荷才露尖尖角

2019 年 6 月，也就是"中国天气"金名片诞生后的第一个月，首届"Y2Y 品牌年轻节"在广告人穆虹老师的多年培育和各界专业人士的酝酿下于北京国际饭店盛大开幕。五大行业 200 多个广告主齐聚一堂，共同学习交流"品牌年轻化"的方法、途径和成功案例。

穆虹老师盛情邀请，让我到大会上发言，谈谈中国气象局华风集团如何使一个老品牌注入新的活力，最终打造成"中国天气"金名片这个金字招牌的。我也正想听听各位广告营销同仁的意见，所以欣然前往。来到会场后，我震惊了！不是说就 200 多个广告主吗？看着会场，至少有 500 人的样子？虽说我也算是久经沙场，经历过大大小小会议的洗礼，国际会议也参加过几次主题汇报，但是这 500 人的会场里都是广告界的翘楚，而我却是个新兵，老师们再怎么拔苗助长，我也是才入广告圈刚满 1 周岁的娃娃！我赶紧找到陈晓庆总经理："晓庆，怎么回事，这个场子我 hold 不住，你赶紧让穆老师改议程。"陈总笑呵呵地说："没事，就是同行交流嘛！"

2019 年 6 月，北京，"中国天气"金名片在"Y2Y 品牌年轻节"上大放异彩

　　我的担心很快就被各界大咖们的发言所冲淡，每一个人的发言都引起我浓厚的兴趣。"哇！这个想法好！""这个做法很独到！"表面假装平静的我，内心却波涛汹涌。广告是门大学问，谁洞察到消费者的内心，谁就是赢家！我这个半路出家的人，为能进军这个行业感到无比幸运，也为这个行业如此精彩感到着迷。广告就像这个社会的触角，是最前沿、最敏感和最富挑战性的。虽然都说现在传统广告下滑严重，但也正因如此，才会有这些专家学者们的思索，才会有从业者对传统广告转型的挑战，有挑战就有意思！我正在陶醉着，突然听到主持人喊了我的名字，"有请华风集团白静玉主任，给大家讲讲'中国天气'这个传统品牌是如何做到年轻化发展的！"伴随着雷鸣般的掌声，我不知怎么就移步上台，聚光灯晃得我看不清台下的亲人们鼓励的脸，一扭头我看到金台在主持人的位置向我竖起两个大拇指，那么坚定和信任！

拿到话筒，突然脑子里全是华风前辈们给我讲如何艰辛创业才走到今天的那一幕幕画面。一曲《渔舟唱晚》再次在会场响起，对于我们华风人，这就是我们的"义勇军进行曲"，旗帜传到我们手里，必须高高举起！对！我是代表无数个华风人，也是代表全国气象人站在这里向所有人宣布："中国天气"确实是个金字招牌！"金名片"我们当得起！我用了20分钟的时间，徐徐阐述"中国天气"品牌发展的前世今生，内发的骄傲和平台的自信，使我一气呵成。那个时候忘了自己是新兵，只记得这个"老字号"值得我们为其摇旗呐喊！值得我们为之奋斗！"在传统媒体转型的大趋势下，老品牌也融入新的活力，'中国天气'品牌旗下再不是《天气预报》这一枝独秀，而是融入了'二十四节气'这个厚重的文化内涵，节气指导中华民族生产生活数千年，至今依然熠熠生辉。'中国天气·二十四节气研究院'就是在中国气象局的支持下，与文化部、农博馆等相关单位专家学者联合创建，可以说是研究二十四节气的气象天团，宋英杰先生倾其毕生所学，联合各界学者，共同讲好二十四节气的中国天气故事。同时，在新媒体日益蓬勃的今天，我们如何适应新媒体的发展规律，抓住智能技术和短音视频这个新兴的媒体趋势，也是这次品牌升级的重点。华风集团与腾讯、百度、搜狗等互联网平台合作，邀请岳云鹏、杨丹等知名艺人和主持人开辟了智能语音播报天气的新领域，用户可以在任意平台选择听岳云鹏先生或者杨丹女士的语音播报。不久的将来，用户也可以自己播报每天的天气发给自己父母、爱人或者远在他乡的朋友，让天气成为联系亲情、友情的纽带。'中国天气'是一个有温度、有内涵、有其独特专业性质的媒体平台，这些都是单纯一个媒体所不具备的。"随着我话音落下，场下又爆发了一阵雷鸣般的掌声，我看到金台眼角有晶莹的泪珠闪烁，穆虹老师也激动地说，你们今年将是广告节上杀出的一支最强品牌。首战告捷！掌声是肯定，更是鼓励！我知道，"中国天气"未来发展的路还很长，我们做得还很不够，我们醒得还是太晚，我们带给品牌的力量应该更大！

初识榄菊　一拍即合

就在"Y2Y品牌年轻节"召开后的第二天，我突然接到陈晓庆总经理的电话："白主任，榄菊的薛总想认识一下您。"我说："好啊。"虽然本来以为薛总就是说说，这么大的老总，能坐下来专心探讨品牌传播的不多了，大多企业老总都是把重心放在如何提高销量、怎么实现带货上。但薛总是大格局，一开始就瞄准了向着行业领军的战略高地发展的目标。他认为，一个有眼光的企业家应该在众多媒体中找到最适合自身品牌宣传的三个重要方面：最佳立足点、发力点和爆发点。找好这三个点，才能使品牌有态度、有定位，使品牌在激烈的市场竞争中长足发展，深入人心。

现在的沟通工具特别发达，可以和薛总进行各种形式的交流，但不能面谈还是让我们都略有遗憾。后来薛总在9月底提出："不行，我得去你们单位看看，当面交流吧。"薛总的选择是慎重的，外表豁达爽朗，内心却细腻缜密。对一个媒体的认知是要深入腹地，而不是听别人怎么说。薛总首先提出要来华风集团乃至中国气象局的业务平台调研，我们开始以为薛总就是来随便看看，其实不然。

2019年中秋假期还没结束，薛总就率队来到华风集团，短暂座谈后薛总就提出去业务平台看看。我们带薛总一行来到中央气象台——我们节目内容生产制造的大本营。由于假期找不到专门负责参观接待的讲解人员，只好找到当时还在休假的办公室主任刘振坤和正在值班的台风海洋中心主任钱传海，这两位都是战斗在一线预报队伍久经沙场的专家型领导，当然，也是频繁登上央视重要访谈类节目的热门嘉宾。听闻来意，两位毫无保留，侃侃而谈。把预报业务和流程来了个酣畅淋漓的大揭秘，一边讲解如何把业务导引到各个业务平台，一边讲解数据是如何监测、如何收集、如何计算、如何展示在预报人员的平台上，形成一张张美丽的天气图，预报人员又是如何根据这庞大的数据做出预报判断和诊断，最后形成我们每天都非常熟悉的天气预报的节目和服务的。走到一个实时监测的大屏幕前，薛总停下了，大加赞赏，问："有没有温度、湿度和风的小时数据啊？有没有逐月的统计？"问题像连珠炮一样，幸亏是两位大行家讲解，哪里能难得住，问题一个个得到解答，薛总的笑容越发满意，说："这个数据跟我们蚊子、苍蝇等病媒生物的关系很大，我们有科创中心，最需要这样的数据，你们这些数据能否跟我们创研团队结合一起，搞个研究呢？"这个提法也是最后奠定双方合作的基石。没错，天气媒体价值应该从与行业的服务和研究开始，这才是气象媒体的核心价值所在！

之后，又经过无数次的论证，我们请出多年不出山的全国气象服务首席——宋英杰老师挂帅。基于宋老师多年的研究，加上榄菊提出的新需求，迅速形成了节气与病媒生物研究的项目框架，这个框架一做就瞄准 3 年的目标！"要么不做，要做就要做到最好！"这是宋老师掷地有声的承诺！也是"中国天气"对行业合作伙伴的郑重承诺！

可以说，榄菊启发了中国天气团队的传播基因，也开启了榄菊在行业内独一无二的科技引领价值。站在国家级的研发高地，抢占行业领军地位，这次的合作，可谓一拍即合。与其说是"中国天气"服务了榄菊，不如说是榄菊成就了"中国天气"的转型与创新！

特殊日子里的特别信息

在 2020 年第 36 个教师节的这一天，我分别给在"中国天气"成长阶段给予重要支持的老师们发了"教师节快乐"的由衷问候，这个问候虽然简单但是却饱含了深深的敬意。

金台，金国强，原陕西电视台副台长，多年担任中国广播电视社会组织联合会广播电视产业发展委员会专家组组长。由于深受拥戴，大家多年都未曾改口，还是叫"金台"，这个称呼逐渐成为一种地位象征，代表着大家对金台的敬爱。他总是那么的热情，见到我这个新兵也不嫌弃，而是不厌其烦地给我讲应该如何珍惜这个平台，如何挖掘这个平台的价值。可以说，他是激发我内心动力的导师，让我有不断前进的信心和决心。

图 2-3 2018 年 9 月，北京，金国强先生受邀参加"中国天气"品牌发展讨论会

金台是有榜样力量的，记得在 2018 年 8 月 8 日，"中国天气"品牌在钓鱼台召开品牌发布会议，我邀请金台去大会发言。由于会议邀请人数较多，还有很多部门、省局、企业的领导和业界前辈们光临，我早早就到了会场准备迎接，没想到看到一个高大的身影已经在会场。我跑上去，抱歉地握了握金台宽厚的大手，感到温暖而有力。金台说："开大会最重要的就是上座率，你不用照顾我，快去招呼其他客人。"后来听说，金台是一个开会从来不迟到的人，备受敬仰却始终谦逊随和，可能广告人的榜样就该如此吧。

金台还是事必躬亲的，了解到我还是个广告界小白之后，要求我首先要"混圈子"。金台在各种场合都介绍说："这是我闺女，你们多照顾啊。"后来结识并给予我很大帮助的金定海老师、张默闻老师和董立津老师等，都是这么"被混熟"。其次金台告诫我要洁身自爱，必须保证任职期间的履职廉洁和业务安全。最后缺不了的是寻求创新，要找各界专家给诊脉支招。田涛老师、穆虹老师和周伟老师陆续在金台的推荐下，亲自造访华风集团，深入了解资源和营销现状，成为在后续的发展中，"中国天气"品牌创新发展重要导师团队中的三大核心成员。

田涛老师，中国广告协会发布者委员会秘书长、中广融信总裁、数据营销专家，多年从事电视媒体数据分析与行业洞察。对于"中国天气"这个独特媒体，田涛老师凭借多年的数据分析经验，首先提出要重点挖掘央视一套黄金时间的品牌价值，提出双重背书价值、全媒体营销和赋能营销的理论，这为后续"中国天气"金名片的产品设计奠定了理论基础。田涛老师善于通过宏观数据分析、用户心理分析和媒体产品分析等方法构建全面的产品设计和营销理论，提出营销的关键是如何打通与消费者心智的链接，建立品牌与消费者的纽带。田涛老师还非常擅长做媒体嫁接，他首先提出气象媒体是需要下沉的，要利用国家大力倡导的县级融媒体的平台，打造下沉式的产品和服务，以便扩大对三四线城市的覆盖面。田涛老师引荐了多年从事县级媒体服务的陈尚武老师，他在前期工作的基础上，建立县级融媒体平台，打通所有多媒体矩阵，在内容采集、生产、加工、服务、推广和营销等几个方面，把传统媒体的人员迅速打造成新媒体领域达人。这样的媒体平台与天气嫁接，形成良好的从内容生产到传播、从产品推广到营销的全链条合作模式。田涛老师还敏锐地洞察到，天气媒体虽然多年占据百姓的客厅，但是在在途领域是盲区，在途的都是商旅高消费群体，这个群体对天气服务的需求也是最旺盛的，哪里有需求就要把产品推到哪里去。经过调查分析，田涛老师选定了在高铁媒体占有绝对影响力的永达传媒，让天气服务和天气领域相关的品牌通过与永达传媒高铁资源嫁接，使品牌伴随着天气服务更精准地传达到在途人群。

2018 年 9 月，北京，田涛先生受邀参加"中国天气"品牌发展讨论会

穆虹老师，广告人文化集团有限公司总裁、资深媒体人，20 多年坚守大学生广告节，为众多中国品牌年轻化贡献了毕生精力。穆老师是一个没有休息概念的人。2019 年，穆老师邀请我一起去拜访一个客户，我们分别到达目的地，我是晚上 10：30 到达宾馆，以为穆老师休息了，就没打扰，办理了入住，整理第二天的客户提案。将近夜里 12：00，突然接到穆老师电话，语气特别正常地说："白主任，我到了，走吧，咱们去跟客户见个面聊聊。"就这样，我们开始了再正常不过的洽谈。后来我才知道，这样的节奏对穆老师来讲就是常态。穆老师是一个特别浪漫的人，喜欢画画，想起什么就画什么，并且自创一派。一张画纸必须要先画一个圆形的框，然后画上穆氏自创的画风，漫画的笔法却有着水墨的画风，画作挂满了她自己工作室的墙，别有一番情趣，这也许是穆老师唯一舒缓压力的方法。穆老师是一个追求效果的人，前面说了"中国天气"金名片就是穆老师在多次来到华风，了解媒体属性之后，通过很多次与各个专家、客户的调研最后确定下来的。但穆老师始终坚持效果是衡量一切的标准，这些大家也有目共睹，"中国天气"金名片目前已经是行业内受到广泛认可的 IP。

2018 年 9 月，北京，穆虹女士受邀参加"中国天气"品牌发展讨论会

　　穆虹老师也是我心目中广告界翘楚，每次想起穆虹老师，都是一袭黑裙，很优雅，众星捧月般，有一种征服世界的气场和魔力。初见穆老师，就感受到她非凡的凝聚力，她有本事让诸多专家、企业大佬、媒体人和广告人都愿意来到广告人组织的座谈会并畅所欲言。大家能够去除壁垒和芥蒂畅谈交流，可能都是因为基于对穆老师的信任和信赖。广告人的会场充满着家人团聚般的气氛，也是这样的气氛让我从对广告的陌生和恐惧，渐渐地转为熟悉和喜爱。因为热爱这些忘记年龄的"年轻"的前辈，所以热爱现在从事的广告事业。他们建立了 30 多年的广告帝国，他们是这 30 多年广告工作的缩影，充满激情、乐观、创造力和永不言败的信念。

　　周伟老师，中国广告协会学术委员会常委，广告人文化集团首席战略官。周伟老师给我的第一印象是非常专业，第一次召开全体专家咨询会议的时候，我发现周伟老师讲的很多理论我都听不懂，我就认定这个老师一定是一个学问高深的人。没想到，周老师不但理论根底深厚，还是一位在营销实战方面非常接地气的专家，这跟他多年从事广告营销行业有关。他擅于把基础理论研究与摸索出的实践营销理论结合，特别是针对"中国天气"，综合各类天气资源，首次提出了"天气话题营销"这一新理论，为我们打开思路、形成各行业不同的专案打下基础。周伟老师才思敏捷、见多识广，针对气象媒体价值的独特性分析也很准确到位。记得周伟老师对第一个客户提案给了一个思路，这个案子的主旨就是一定要用温情打动消费者。团队的小伙伴绞尽脑汁，利用当时并不丰富的资源，对画面和广告语做了很大的创新，我们自己感觉还算满意。可周伟老师听完了我们的结案报告，微笑着说："你们给我 8 分钟的时间，我来说说我怎么提案。"然后自己看着表，开始了 8 分钟脱稿演讲。从"中国天气"的价值、用户群体与客户的销售群体关联性、天气话题与品牌建立的情感链接等方面，构建出妈妈每天都守在电视机前，看儿女所在地天气预报的温情场景，又围绕场景创造了儿女如何带着礼物回家，回报妈妈的画面，温馨、温暖、温情……8 分钟后话题戛然而止，我们却都被感动到半天没有说话，鼻子酸酸的，好像还在回味着这些画面，想到了自己的妈妈和家人。

2018 年 9 月，北京，周伟先生受邀参加"中国天气"品牌发展讨论会

这就是周老师，话语不多，却字字打动我们心灵中最柔软的地方。这之后所有的用户提案，我们几乎都套用了这个思路，也都给客户留下特别深刻的印

象。周老师对"中国天气"营销团队也帮助巨大，不仅在于运用剩余资源价值理论，结合按照资源占有率科学制定的价格体系、如何提高销售力等方面对我们团队进行理论培训；还在于具体方案制定方面，结合案例手把手教会我们广告营销……周伟老师风趣地说："这是一门学问，要懂心理学、媒体属性、市场趋势和客户关系学。能做好广告营销的人，基本什么都能干！"

第三章 "中国天气"金名片成长录

　　手握"中国天气"金名片工程这么好的品牌创意，华风集团深切认识到，一定要学会宣传，做好宣传。优质的创意能够帮助"中国天气"品牌快速从同质化的竞争中挣脱出来，进而成为领域内、行业中独具特色的品牌，提高"中国天气"品牌的竞争力。

千呼万唤始出来

　　2019 年 8 月 28 日，中央广播电视总台启动了"品牌强国工程"。"中国天气"品牌响应总台号召，凸显气象媒体特色，于同年 9 月 16 日，在北京举办"中国天气"金名片资源发布会。中国广告协会、榄菊集团、永达传媒、澳门广告商会等各界代表应邀出席。

　　在此次发布会上，华风集团以 CCTV《新闻联播》后《天气预报》为核心，依托中国气象局、中央电视台两大国家级平台，推出"中国天气"金名片工程。中国广告协会会长张国华先生和中国传媒大学广告学院教授黄升民肯定了"中国天气"金名片工程。他们认为天气是与人们生活息息相关的、最具有公众服务功能的信息。在黄金时段呈现黄金内容资源这正是 CCTV《新闻联播》后《天气预报》的价值。"中国天气"金名片工程，是为品牌建设提供良好渠道的举措。

2019 年 9 月 16 日，北京香山，时任华风总经理李海胜现场致辞

"中国天气"金名片工程凝聚了行业专家的智慧，汇集了中国气象数十年的沉淀，更得益于众多企业走访的实际经验。

华风气象传媒集团媒体资源运营中心白静玉主任在会议上系统地介绍了"中国天气"金名片工程，"中国天气"金名片工程分为大国名企、大国名品、大国名城、大国名景四类，囊括 11 个国家电视平台，覆盖 14 亿受众，更拥有新媒体端、移动端、广播等资源布局，从品牌资源、品牌赋能、品牌活动、全案策划与品牌升级五个方面全面服务于企业营销。同时为应对多元化的传播需求，不断创新产品形态，打造《小岳岳报天气》的音视频，与喜马拉雅、百度合作，进行年轻化的传播，还深入二十四节气文化的研究与品牌跨界合作。

2019 年 9 月 16 日，北京香山，华风集团媒体资源运营中心主任
白静玉现场介绍"中国天气"金名片具体方案

会议还邀请了中国广告协会发布者委员会秘书长田涛先生、中国广播电视社会组织联合会广播电视产业发展委员会专家组组长金国强先生、广告人文化集团总裁穆虹女士、鲁花集团首席品牌官初志恒先生、央视市场研究股份有限公司总经理助理（时任）赵梅、中国广告协会广播电视分会秘书长刘华先生共同探讨气象媒体传播新时代。

2019 年 9 月 16 日，北京香山，与会嘉宾在圆桌论坛环节发表观点

（从左至右：田涛、金国强、穆虹、初志恒、赵梅、刘华）

此次"中国天气"金名片资源发布会明确了 CCTV《新闻联播》《天气预报》《焦点访谈》黄金传播带构成"品牌强国工程"的顶级传播资源。进一步强调了《新闻联播》后《天气预报》具备 CCTV 与中国气象局两大国家级平台权威背书，是具有高度、广度与深度的平台。会上还发布了以"天气"为独特内容的新媒体产品资源，为未来"中国天气"品牌全媒体战略提前布局。

"中国天气"金名片资源发布会对于"中国天气"品牌发展来说是至关重要的一步，也为实施品牌战略奠定了良好的基础。向全社会掷地有声地传递出"中国天气"塑造品牌、顺应市场变化的决心与信心，也让各位企业主看到了"中国天气"品牌更广阔的未来。

2019 年 9 月 16 日，北京香山，现场授予揽菊集团、探路者集团等

六家企业为"中国天气·二十四节气研究院"应用传播委员会单位

与天气相关的那些文化事儿

不同于一般品牌的商业属性，"中国天气"品牌还具有独特的文化内涵。

人们对于天气的关注与探索，最早可追溯至商代时的甲骨文。华夏五千年文明史也是古代先民关注气候变化、追求与自然和谐共生的发展史。

甲古文中对于天气现象有着十分完整的记载。除了表示天气或季节的文字外，还有对雨、雪、雹、霜等天气现象的详细分类。"中日至，昃不雨。食日，至中，日不雨。自旦至，食日，不雨。弜田，其遘，大雨。"一片占卜外出田猎是否会遇上大雨的甲骨，就是一份"远古版"天气预报。先人还可以通过对雨水的具体分析，来判断年成的好坏。

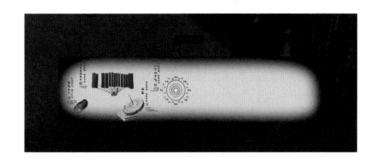

二十四节气古代展厅图

2012 年，中国气象局党组印发的一号文件《中共中国气象局党组关于推进气象文化发展的意见》中指出，要充分发挥气象文化在体现气象事业前进方向、推动气象事业科学发展、为全社会提供优质气象服务等方面的保障作用，满足人民对气象信息的需求。

2016 年 11 月 30 日，二十四节气被正式列入联合国教科文组织人类非物质文化遗产代表作名录。2019 年 6 月，在中国气象局的指导下，华风气象传媒集团牵头联合气象宣传与科普中心正式成立"中国天气·二十四节气研究院"，以弘扬传承中华民族的文化瑰宝为初心，立足于基础研究，着眼于应用传播，正式开启了"中国天气"品牌从气候维度对二十四节气进行基础研究和探索实践的新篇章。节气文化与新时代同频共振，在为中国品牌文化内涵赋能的同时，也为公众的生活品质赋能。

2019 年 6 月 27 日，北京，"中国天气·二十四节气研究院"正式成立

突如其来的改变

2019 年，"中国天气"金名片一经推出，就受到了不少行业领军企业的关注。面对如此好的发展形势，"中国天气"决定在 2020 年继续扎实基础，升级"中国天气"金名片工程。

2020 年初，突如其来的新冠病毒肺炎疫情影响了世界经济的运行方式，改变了人们的生活轨迹和消费模式，让本就出现下滑趋势的广告行业变得不太明朗。不可否认，大环境的变化成为广告行业加速调整的催化剂，线下到线上力度加大，内容价值更被广告主所重视。在这种情况下，"中国天气"金名片工程必须顺应广告形式和资源组合的创新，用更加实际的话题量、转化率和体验感赢得广告主的青睐。

以变制变 乘风破圈

随着公众需求的日趋升级，消费市场千变万化，媒介环境多元发展，5G、4K、8K、AI等热点前沿技术的应用与推广，为公众气象服务品牌的未来发展创造了更多可能。"中国天气"的品牌内涵也由此进入自我进化的关键之年。

形式求"变"。2020年，《新闻联播》后《天气预报》作为央视黄金档的重磅栏目之一，与《新闻联播》《焦点访谈》同步改版升级，节目全部采用16∶9全高清制播系统，节目形态、镜面包装和视觉效果进一步提升，与总台央视新闻频道的所有节目一起，共同迈进全高清制播时代。

CCTV《新闻联播》后《天气预报》节目高清图

产品向"新"。除了节目形式外，节目产品形态也焕然一新。景观窗口的广告画幅范围扩大，搭乘的品牌信息承载量明显提升，伴随性气象服务广告的优势进一步凸显。全新上线的长达百秒的长曝光产品——"节气提醒"，一跃成为最受广告主青睐的"孤品"。此外，此次改版增加的中小城市预报服务窗口，也为全国中小城市在央视晚间黄金档进行城市宣传提供了可能，真正做到了预报更精准、服务更精细。

CCTV《新闻联播》后《天气预报》中"黄金百秒"节气提醒

CCTV《新闻联播》后《天气预报》中小城市预报窗口

服务为"融"。融媒体时代是传统媒体行业的新时代，媒体融合已提升至国家战略。气象公众服务作为一种高卷入度的传播内容，对标"监测精密、预报精准、服务精细"的总体要求，不断丰富和发展品牌内涵，提升内容、技术、服务能力，逐步完成了由"资源型"向"服务型"、由"时段型"向"场景型"、由"单平台"向"全媒体"的全面转变。作为新型气象主流媒体平台,"中国天气"品牌的权威性、科学性、专业性进一步提升,品牌强大的传播力、引导力、影响力与公信力进一步凸显,以"以变制变,乘风破圈"的创新理念,讲好中国气象故事,打造中国气象服务品牌,持续推动中国气象服务集约化、规模化、品牌化发展。

《天气预报》40 周年变身记

2020 年,恰逢 CCTV《新闻联播》后《天气预报》开播 40 周年,迎来了技术革新下的节目升级改版,此时"中国天气"融媒体产品也蓄力已久,万事俱备只欠东风。2020 年 8 月 20 日,"守正创新　共筑经典——'中国天气'金名片工程资源升级发布会"在广州举行。

该会议由中国气象局华风气象传媒集团主办,中央广播电视总台、国家气象中心、广东省气象局等单位相关领导,中国人民保险集团、波司登集团、榄菊集团等行业代表,以及广东省广告协会、广告人文化集团、中广融信、央视市场研究、蓝莓会等业界知名专家应邀出席活动。

2020 年 8 月 20 日,广州,"中国天气"金名片工程资源升级发布会成功举办

中央广播电视总台央视广告经营管理中心客户部副主任（时任）冯惠首先肯定了《天气预报》节目是总台电视栏目的重要组成部分，"中国天气"金名片工程的资源升级是坚持守正和创新相统一的重要实践。

时任华风集团总经理李海胜也表示，祝贺 CCTV《新闻联播》后《天气预报》开播 40 周年，未来华风将继续发挥社会责任，把服务做到老百姓的心里。

2020 年 8 月 20 日，广州，时任华风集团总经理李海胜发表会议致辞

传统媒体遭遇困境，创新方能破圈突围。此次发布会以 CCTV《新闻联播》后《天气预报》栏目为核心资源，打通 CCTV-1、CCTV-新闻、CCTV-2、CCTV-4、CCTV-7、CCTV-17 等全天候天气预报节目，融合中国天气品牌旗下全媒体资源，以全新的栏目面貌、新颖的产品形式、顶级的资源价值，全面升级了"中国天气"金名片工程。发布会现场，华风集团媒体资源运营中心主任白静玉从栏目、服务、营销三个维度进行了深入解读。

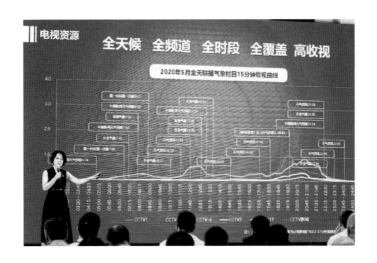

2020 年 8 月 20 日，广州，华风集团媒体资源运营中心主任
白静玉介绍"中国天气"金名片工程升级方案

一是栏目升级，CCTV《新闻联播》后《天气预报》栏目增加虚拟天气场景服务，上线节气提醒，增加景区或地方精细化预报。二是服务升级，借助"中国天气"全媒体矩阵，发布春耕春播图、全国蚊虫暴发预报图、减肥感冒等气象服务指数，联合企业打造定制式温控实验室、节气与病媒生物联合研究院。三是营销升级，针对不同的客户诉求开展定制服务。

2020 年 8 月 20 日，广州，国内首个 AR 虚拟天气短视频产品——
《小岳岳报天气》正式启动

2020 年 8 月 20 日，广州，现场授予中国人保、波司登、榄菊集团等 9 家
企业"中国天气"金名片称号

任何一个品牌的发展都不可能一成不变，都是需要不断适应社会的发展以及消费群体的市场需求，进行不断的升级完善。

此次"中国天气"金名片工程资源升级发布既是"中国天气"品牌集中性、大规模的一次对外发声，也是"中国天气"品牌成立以来最大规模的一次品牌升级。"中国天气"在保持初心、铸就经典的同时，也希望通过品牌升级革新，摆脱传统服务、单向播报的固有印象，将年轻化、互动性、高水准的气象服务推向市场，提炼出品牌独一无二的价值理念。

分支新样态的出现

"中国天气"金名片新样态的出现不是偶然，是为了更好地服务不同需求的用户。比如"中国天气"金名片多集中在大国名品、大国名企、大国名城、大国名景，无法突出政府在生态建设上的理念与实践。"生态金名片"这种新样态的出现，弥补了市场空白，满足了政府需求，在一定程度上缩小了对原有"中国天气"金名片的距离感。

"生态金名片"充分发挥气象部门在生态文明建设中的科技性、基础性、前瞻性、保障性作用，通过深入挖掘各地自然禀赋、悠久历史和民族文化，推动产业融合发展，对助力生态文明建设发挥了积极作用。同时，从地方政府的角度来说，政府也迫切需要国家级优质媒体资源对城市生态文明建设和城市创新发展方面所取得的成果进行全方位宣传推介。

人类赖以生存的自然环境有大气、土壤和水，大气是第一位的，没有空气，人类一刻也不能生存。而针对大气圈层的研究可以说是气象局一直以来的初心和使命。在国家战略层面，习近平总书记在生态、文旅、扶贫方面都曾提出过重要论述。第一，在生态环境方面，自2013年以来，习近平总书记在多个国际场合阐释了"绿色青山就是金山银山"的"两山理论"。生态文明建设作为国家大的战略方针，自然也是气象部门首要重大研究的方向和使命担当。第二，在生态文旅方面，党的十八大以来，习近平总书记大力倡导传承弘扬中华优秀传统文化。传统文化的传承也需要生态的保护，好的生态也是旅游资源的自然禀赋，中国气象服务协会推出的天然氧吧创建活动，就是对各地生态文旅的最好赋能。第三，在生态扶贫方面，2020年是全面建成小康社会和打赢脱贫攻坚战的收官之年，好生态才有好产品，生态扶贫是最精准的背书，是百姓最放心的认证。中国气象服务协会推出的中国气候产品认证，也是助力扶贫攻坚的最好佐证。

"生态金名片"的三大使命

生态文明建设成果与经济效益转换已迫在眉睫。"中国天气"品牌秉承着推动美好生态的任务落实落地，于 2020 年 9 月 24～25 日，在云南昆明市和弥勒市举办"中国天气"生态名片资源发布会。

此次发布会由中国气象局公共气象服务中心、华风气象传媒集团主办，云南省气象局、昆明市气象局、红河哈尼族彝族自治州人民政府协办。云南省委宣传部、云南省文化和旅游厅、云南省农业科学院、昆明市人民政府、部分地方政府相关部门代表以及全国各地气象部门代表应邀出席会议。

2020 年 9 月 24 日，云南昆明，"中国天气"生态名片资源发布会成功举行

"中国天气"生态"金名片"全媒体传播服务方案，本着"一个目标、两个路径、三个方向"的宣传策略，分别从省、市、县不同区域空间进行设计打造，通过现有《天气预报》创新改版、新增凤凰卫视节目、创造天气热点话题以及挖掘品牌赋能等方式，坚持助力美好生态、服务美好生活、致力扶贫攻坚三个宣传方向，打造强省"生态名片"，助推强市"文旅 IP"，做优强县"农业品牌"。

2020 年 9 月 25 日，云南弥勒，"中国天气"生态名片资源讨论会召开

　　"中国天气"生态名片资源的发布践行了新时代赋予气象媒体的新使命，进一步优化和提升宣传服务细节，通过最权威的平台，全新构建大声量、高覆盖、全媒体的传播矩阵，助力地方生态文明建设，助力地方政府做好城市形象宣传及地方特色产品的宣传推广工作。"中国天气"生态金名片的发布完善了"中国天气"品牌架构，构建了不同领域、不同市场、不同价值的品牌体系。同时，基于"中国天气"品牌良好的基础，"中国天气"生态金名片与"中国天气"品牌形成了强品牌关联，达到了较强的品牌延续性。

　　此次发布会正是结合国家战略与当前生态形势政策发展做出的方向性选择，也标志着"中国天气"正式将生态路线纳入实践版图，显示了"中国天气"与各地政府一起优化生态、服务生态的决心。

第四章 "中国天气"品牌资源价值

2018 年，华风集团强势打造"中国天气"品牌；2019 年，重磅推出"中国天气"金名片工程；2021 年，推出"中国天气"品牌破圈营销黄金法则。"中国天气"正在不断探索气象媒体破圈融合的创新发展之路，逐步构建"品牌资源+新媒体资源+气象 IP 创建+赋能资源"四位一体的资源矩阵，借助"黄金资源+权威背书+科学赋能+全媒体发布"的融合传播模式，满足广告主更高端、更广阔、更多元化的品牌传播诉求，一站式打造全国优质品牌和特色城市的黄金名片，全力打造大国名企、名品、名城、名景，助力"美丽中国"建设。

"中国天气"以黄金资源 CCTV《新闻联播》后《天气预报》为核心，全面打通 CCTV-1、CCTV-2、CCTV-4、CCTV-5、CCTV-7、CCTV-新闻、CCTV-17、中国教育电视台、凤凰卫视等多个频道的电视媒体资源，全天播出的《天气预报》栏目时长 378 分钟，广告时长超 70 分钟，构建了全天候、全频道、全时段、全覆盖的电视资源格局，成功推动"中国天气"金名片工程实现质的飞跃。

每晚 19：31 与观众如约而见

1980 年 7 月 7 日，CCTV《新闻联播》后《天气预报》开播，每晚 19：31 在 CCTV-1、CCTV-新闻频道并机播出，是国内收视规模最大的日播节目，是公众了解天气信息的主要渠道之一，本着"权威预报，真诚服务"的理念，为人们生产、生活提供及时、准确的气象服务。

与此同时，《天气预报》位于 CCTV 黄金时段，也是唯一一档广告窗口长达 5 分钟的栏目，为中国品牌注入无限的生机与活力，打造了众多经典的品牌传播案例。

城市景观广告4秒

黄金100秒节气提醒

《天气预报》"特约窗口"(北京尾)5秒

字幕条6秒

CCTV《新闻联播》后《天气预报》节目广告窗口

价值一：超级背书。CCTV《新闻联播》后《天气预报》是中国气象局联合央视平台共同打造的黄金品牌节目，与《新闻联播》《焦点访谈》共同构成了中国百姓观察时政、社会、国际、自然变化最重要的窗口，多年来助力众多民族品牌实现质的飞跃。

价值二：超级覆盖。天气与老百姓的生活息息相关，CCTV《新闻联播》后《天气预报》更是大多数老百姓每天必看的节目之一，呈现出高收视、高覆盖的强势节目特征。2020年，《天气预报》全国范围到达率60.6%，近7.7亿观众收看过栏目，受众基础广泛。

价值三：超级聚焦。《天气预报》栏目占据CCTV-1综合频道和CCTV-新闻频道全天收视高峰，在全国拥有广泛而稳定的收视规模。2020年，栏目平均收视率4.69%，始终在同时段节目中排名首位；平均市场份额17.18%，在各月的市场排名中均位列第一；前三季度《天气预报》后18～29岁青少年观众人群收视增长91%。

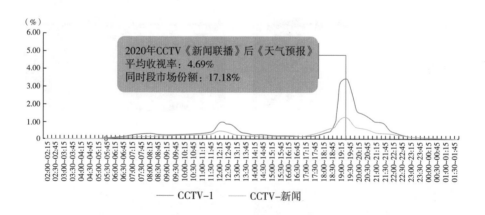

2020年CCTV-1综合频道和CCTV-新闻频道全天收视曲线

资料来源：CSM，29省网，4+，2020年。

价值四：超级升级。2020年，CCTV"联播黄金档"《新闻联播》《天气预报》《焦点访谈》重磅改版。《天气预报》实现16：9全高清制播，广告画幅扩大，广告信息承载价值明显提升，同时节气提醒版块全新上线，实现品牌在黄金时段的长曝光。

CCTV《新闻联播》后《天气预报》栏目改版后画面

价值五：超级传播。《天气预报》品牌影响力深入人心，广告价值也得到观众的高度认可，通过爆点式传播、规模性覆盖，每天在同一时间、相近场景快速传播给全国观众，形成更加快速的规模性触达体系，带动品牌知名度迅速提升。

CCTV《新闻联播》后《天气预报》广告画面

价值六：超级实效。《天气预报》兼具高收视与高性价比优势，栏目与头部频道同时段广告刊例价接近，但收视率遥遥领先，不仅支撑成熟品牌的长远发展，还推动众多中小企业迈上央视平台，提升品牌高度。

24 小时守护你的阴晴冷暖

1. CCTV-2 财经频道《第一时间　第一印象》

《第一时间》是 CCTV-2 财经频道早间经济资讯节目，关注都市经济圈、农业市场动态。《第一时间　第一印象》穿插其中，是各界商务精英首选的也是最贴近经济生活的天气栏目，每天 07：00、08：55 播出两档，借助时长 3 秒的景观广告形式，为快消、农业、旅游、家电、教育、交通等品类客户打造专业、权威的品牌形象。

CCTV-2 财经频道《第一时间　第一印象》节目

2. CCTV-2 财经频道《天气早餐》

《天气早餐》将天气与健康融为一体，节目风格清新时尚，针对追求高生活品质的人群，在早餐制作过程中融入城市预报信息，将视觉美观融入日常天气预报服务当中，每天 07：00 播出，通过品牌冠名与植入，为食品、快消、生鲜、厨具等品类客户打造年轻化、生活化的品牌形象。

CCTV-2 财经频道《天气早餐》节目

3. CCTV-5 体育频道《体育天气》《运动休闲城市预报》《赛事天气》

体育频道的天气预报特别面向体育爱好者，其中，《体育天气》每天 12：30 播出，围绕一个或当季主要运动项目分区域提供运动天气提示；《运动休闲城市预报》是周日至周四每晚 18：30 针对城市地标性体育场馆进行天气服务。《赛事天气》周五、周六 18：30 播出，追踪热点赛事天气，深度挖掘天气赛事故事和天气对专业运动项目的影响。通过时长 4 秒的城市贴片，为体育用品、活动赛事、食品饮料等相关品类客户提供专业化、个性化的品牌服务。

CCTV-5 体育频道《体育天气》《运动休闲城市预报》《赛事天气》

4. CCTV-7 国防军事频道《军事气象》

CCTV-7 国防军事频道报道我国国防和军队建设成就、展示人民军队新风貌，普及国防教育、传播军事知识。在政要人士高度关注的宣传平台，《军事气象》融入全球军事资讯与国防军事热点之中，每天 07：56、12：30 播出两档，通过 5 秒、10 秒、15 秒全屏动态有声的硬版广告，助力汽车、大健康、消杀、家居、快消等品类客户提升品牌形象。

CCTV-7 国防军事频道《军事气象》节目

5. CCTV-新闻频道《天气资讯》

《天气资讯》实时更新预报数据，全天在 CCTV-新闻频道直播时段、《新闻30分》《共同关注》等新闻直播节目前后多时段滚动播出，主要面向高等学历、中高收入的管理者及白领群体，以高知群体为核心。栏目每天在 10：58、11：58、14：58、16：58 等重要时段播出六档，针对饮品、快消、服饰、旅游、美妆、知识平台等品类客户，在右侧 1/4 屏幕提供时长 5 秒或 10 秒的动态静音画面品牌服务。

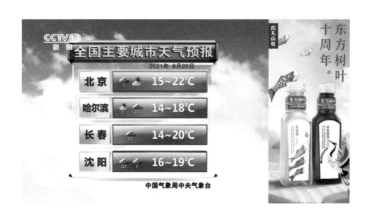

CCTV-新闻频道《天气资讯》节目

6. CCTV-17 农业农村频道《农业气象》

《农业气象》"面向农村，针对农业，服务农民"，覆盖早中晚全天候时段，栏目覆盖广，忠诚度高，下沉县乡，触达 9 亿农民。每天 05：56、06：54、10：27、12：27、21：27 播出五档，通过时长 4 秒的"城市预报+城市景观窗口广告"和 5 秒、10 秒、15 秒的硬版广告两种广告形式，为农资、大健康、食品、旅游等品类品牌提供最接地气的央视平台，触达最具消费潜力的市场。

CCTV-17 农业农村频道《农业气象》节目

7. 中国教育电视台《校园气象站》

《校园气象站》服务于在校大学生等年轻群体，除了常规天气预报信息外，还有更适应年轻人需求的跑步指数等指数预报，在展示大学风景的同时，宣传二十四节气传统文化和大学生节气创意设计。栏目在 18：55、次日 12：30 播出两档，通过时长 3 秒的"城市预报+城市景观窗口广告"和 20 秒的硬版广告两种广告形式，将体育、服饰、旅游、教育、快消等品类品牌信息传递给年轻群体。

中国教育电视台《校园气象站》节目

8. 中国新华新闻电视网《一带一路气象服务》

《一带一路气象服务》以关心国家经济发展战略、热爱旅游和人文历史的白领、商务人士、理财投资人士为目标收视人群，提供"一带一路"倡议覆盖区域内的相关天气和资讯，关注精细化预报和天气发展趋势，加强对灾害性天气的监测和解读，每天08：50、09：42、14：52、17：20、18：30、18：50、21：55、23：56共播出八档，通过10秒的动态静音画面和5秒、10秒、15秒、30秒的硬版广告两种形式，为旅游、金融、交通、教育等品类品牌提供高端宣传平台。

中国新华新闻电视网《一带一路气象服务》节目

9. 凤凰卫视资讯台、中文台、欧洲台《凤凰气象站》

《凤凰气象站》面向分布在世界各地的华人，以国际化的气象播报样式传送气象数据，配合轻松活泼的播报方式，提供当地及中国主要城市的最新天气资讯及未来天气状况预测信息。每天在资讯台05：27、07：27等时段播出十档，在中文台07：48播出一档，在欧洲台01：27、07：27、13：27播出三档，通过栏目冠名的形式，为着力打造国际化品牌形象的旅游、交通、服饰等品类客户提供时长4~5秒的品牌曝光。

凤凰卫视资讯台、中文台、欧洲台《凤凰气象站》节目

10. 凤凰卫视中文台、资讯台《晨味时节》

在最适合的时节打开一个食材最美的姿态，不仅呈现出食物的原味之美，也是顺应天时的养生之道。《晨味时节》于 2020 年 10 月 8 日正式上线，每天清晨用"最新鲜"的天气叫醒你的胃口，每天 08：00 在凤凰卫视两大频道并机播出，拉近全球华人距离，通过栏目冠名与品牌植入的广告形式，为快消、农品、厨具、新媒体、电商等品类品牌提供国际化的传播平台。

凤凰卫视中文台、资讯台《晨味时节》节目

11. 凤凰卫视资讯台《天时美景》

凤凰卫视致力于为全世界华人提供高素质的华语电视节目。《天时美景》于 2020 年 10 月 8 日正式上线，用动态的视频呈现不同城市的四时美景、生态文明建设成果。每天 19：58、次日 08：57 播出两档，在全球第一个覆盖了两岸三地的全天候华语资讯频道——凤凰卫视资讯台，通过时长 5 秒的栏目冠名与城市贴片的形式，为客户宣传政府形象、旅游景点、旅游路线提供国际化的传播平台。

凤凰卫视资讯台《天时美景》节目

12. 凤凰卫视资讯台华闻大直播《凤凰气象站》

华闻大直播关注社会热点话题以及突发新闻，深度挖掘，横向比较，追踪报道。华闻大直播《凤凰气象站》栏目穿插其中，主持人重点播报近期国内重点天气。周一至周五每天 19：55 播出（周末 19：25），通过时长 5 秒的栏目冠名与城市贴片的形式，为客户宣传政府形象、旅游景点、旅游路线提供国际化的传播平台。

凤凰卫视资讯台华闻大直播《凤凰气象站》节目

13. 凤凰卫视中文台时事直通车《凤凰气象站》

时事直通车《凤凰气象站》以热点或时尚话题引领，介绍国内重要城市的明日天气，拓展了虚拟演播室表现的垂直空间，由"主持人播报+国内 34 个重点城市单站预报+主持人播报+七大洲重要城市三天预报+七大洲最新卫星云图动画"组成。每天 20：55 播出，通过时长 5 秒的栏目冠名与城市贴片的形式，为客户宣传政府形象、旅游景点、旅游路线提供国际化的传播平台。

凤凰卫视中文台时事直通车《凤凰气象站》节目

大屏+小屏，尽知"环球气象"

在拥有专业权威的节目资源，并牢牢占据电视媒体优势地位的基础上，"中国天气"全面加速新媒体布局，不断拓展新形式的传播渠道，逐步形成"全面开花"的新媒体资源格局，实现大屏小屏融合传播，市场占有率不断提升。

充分发挥气象专业优势，借助新媒体矩阵抢占年轻阵地，放大传播声量。其中，中国天气网峰值超 1 亿，服务 900 亿人次，PC 端与 WAP 端累计浏览量超 1000 亿，在国内气象服务类网站中排名第一；中国天气官方微博粉丝超 200 万，微博原创过亿话题 34 个，总阅读量超 121 亿，中国天气网微信公众号粉丝超 150 万；中国天气官方账号各平台累计粉丝总数突破 1000 万，覆盖国内外近百家全媒体头部平台。

中国天气新媒体矩阵示意

作为 CCTV《新闻联播》后《天气预报》的官方微信公众号，"环球气象"微信公众号粉丝数量超过 130 万，单篇文章最高阅读量超过 32 万，不仅为公众提供天气预报、灾害预警、空气质量预报等及时、全面的气象服务，以及二十四节气美文、个性化预报服务文章，还建立商业全链条合作方式，将产品与天气话题进行深度结合，创造消费话题，引领消费潮流。

CCTV《新闻联播》后《天气预报》官方微信公众号

二十四节气 IP 横空出世

为了更好地传承中国节气文化，华风集团不断深入挖掘，在"中国天气"大 IP 下成功打造"中国天气"金名片工程，并通过"中国天气·二十四节气研究院"节气 IP、节气金名片 IP 等形式共同创建气象 IP 生态，联合开展品牌传播。

2019 年 6 月 27 日，中国气象局华风气象传媒集团、中国气象局气象宣传与科普中心联合成立"中国天气·二十四节气研究院"，以弘扬传统文化为己任，充分挖掘"二十四节气"中的气象元素，结合地域气候差异、风俗文化差异和历史传承，在健康养生、文化习俗、农耕文明和品牌赋能等方面开展应用研究和文化传播，研究方向涉及视频节目、文创产品及出版物、落地活动等。

1. 节气研究在《天气预报》节目中的应用

夯实基础研究工作是研究院的核心工作。自成立以来，研究院投入大量精力开展以气候大数据为支撑，且契合气象学科专长的基础研究，将研究结果在节气当日的《天气预报》节目中展现，让观众在日常节目中能够更加深入地了解二十四节气气候特征、习俗趣事。

节气研究在 CCTV《新闻联播》后《天气预报》节目中的应用

2. "节气+行业"的超强链接

在气象大数据分析基础上，以二十四节气文化为突破口，主动寻找与各行业发展、消费者需求的契合点，联合开展应用研究、文化传播等工作，建立"节气+行业+用户"的超强链接。

2019 年 9 月，研究院与探路者控股集团股份有限公司联合共建的"体感温度模拟实验室"挂牌成立，这意味着二十四节气研究院的首个共建项目正式落地启动，双方将共同探索"气象+户外"跨行业合作的新理念、新模式、新生态。

2019 年 9 月，北京，"体感温度模拟实验室"挂牌成立

（从左至右：时任探路者集团副总裁蔡英元、时任华风集团副总经理王晓江）

2019 年 11 月，研究院与榄菊日化集团共同成立的"节气与病媒生物习性联合研究院"正式揭牌，双方通过跨学科、跨链条的研究，深入探索节气与气候变化和病媒生物习性之间关系的演变以及对人的影响，为共同研发出健康安全的产品做出贡献，为广大消费者实现健康美好的生活保驾护航。

2019 年 11 月，广东中山，"节气与病媒生物联合研究项目"揭牌仪式

（左起，华风集团媒体资源运营中心主任白静玉、榄菊集团总裁薛洪伟、榄菊集团董事长骆建华、时任华风集团总经理李海胜、"中国天气·二十四节气研究院"副院长宋英杰、榄菊集团首席技术官吴鹰花）

　　2020 年 12 月，研究院与海南快克药业有限公司联合共建的"节气变化与感冒趋势联合研究院"正式成立，探寻感冒与天气要素和天气变化的关系、感冒与气候时段和气候变化的关系等等，以中国二十四节气的视角，促进研究成果的应用落地和大众感冒与流感知识的科普传播。

2020 年 12 月，浙江杭州，"节气变化与感冒趋势联合研究院"正式成立

（左起快克药业总经理王志昊、金石亚药副总裁郑志勇、金石亚药总裁魏宝康、时任华风集团总经理李海胜、"中国天气·二十四节气研究院"副院长宋英杰、华风集团媒体资源运营中心主任白静玉）

3. 节气文创产品

　　2020 年，研究院推出二十四节气七十二候全手绘系列作品，用画面和文字向大家呈现七十二候，作品不仅精美大气，还能更科学地展现不同视角，突破摄影的局限性。比如尝试将"品物皆春"的元素融入隆庆祥的高级定制服装，让着装更有文化品质的同时也将节气融入生活中的衣食住行。

　　研究院还在文创产品上进行了新的尝试，四季杯的灵感来源于在气候和气候变化方面领悟力非常高的康熙帝"钦制康熙月令十二花神杯"，在此基础上进行了春夏秋冬四款杯的设计，其中的一盖一碗、一花一木、一诗一印都进行了精心的考虑。

"四季杯"文创产品

传统与现代的链接点

发挥"中国天气"自身优势，深入挖掘气象数据和行业数据，将节气文化融入现代生活，开展二十四节气之城创建活动以及二十四节气之旅的落地活动，从文化旅游、生态美景等方面阐述与天气的强相关性，以及与节气美好传承的故事，展现文旅活力。

1. "二十四节气之城"创建

"二十四节气之城"立足于气候科学，着眼于多领域文化交融，从文化传承、气候天文、物候物产、特别贡献四个维度制定遴选标准，构建能够综合反映节气之城的综合评价体系，如立春之城、谷雨之城，助力政府的文化传承。

2. 二十四节气之旅

由国内顶级节气研究专家团队深度研究、带队科考；自驾车队集结出发，气象、节气、文化领域权威智囊团全程参与；发现祖国四时美景，寻找节气特色风物，传递绿色生态理念，服务美丽中国建设；与衣食住行等各行业品牌进行开放性合作。

生活指数五颗星

随着时代的发展，气象与各行业间的深度关联性日益凸显，"中国天气"从科技、文化、公益等角度出发，利用节气、气候为品牌赋能，从城市景观、生态宣传到融入国家发展战略，全系统服务于公共气象服务发展。

深耕"天气+行业"数据，研发多样化、定制化、趣味性强的气象与行业科普产品，如指数冠名、生活服务地图产品、定制化专题等，对老百姓进行直观、实用的生活指导，并实现与品牌信息紧密结合的场景式传播。

比如"中国天气"与榄菊日化集团联合打造的趣味化气象科普产品"2020全国蚊子出没预报地图"登上微博热搜榜第15位，话题总阅读量超2亿，"2021全国蚊子出没预报地图"登上百度与微博双热搜，其中百度热搜榜最高排第3位，全网阅读量超5000万；与快克药业联合打造的"全国冻手冻脚地图""全国秋裤预警地图"等5大预警产品，此外，"节气萌主"宋英杰还为快克药业量身录制节气视频，引燃跨界营销。

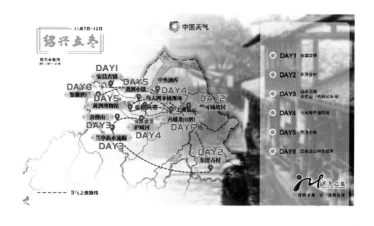

二十四节气之旅首站绍兴立冬站

定制化气象与行业科普产品

唱响主旋律　树立"国牌"形象

　　"中国天气"借助社会热点，联合企业共同打造系列主题活动，并通过全媒体矩阵强势宣发，制造热点话题引发社会热议，有力展现祖国的繁荣、气象事业的进步以及民族品牌的崛起，为企业进行文化赋能，树立"国牌"形象。

　　1. 主题宣传片系列推广

　　2019 年，"中国天气"推出致敬新中国成立 70 周年宣传片创作及推广项目，分别讲述农业、服饰、医药三个领域企业的发展历程、品牌故事、企业精神，借企业的发展来展现祖国的发展，增强民族荣誉感，激发爱国情怀，以"公益宣传片+商业宣传片"的方式在央视、微博、微信及多家新媒体平台渠道实现推广，全网话题流量突破 1 亿。

2019 年，致敬新中国成立 70 周年宣传片

2. 结合热点主题　推出特别策划活动

2020 年，"中国天气"发起《新闻联播》后《天气预报》开播 40 周年主题活动，采用"系列短片+主题直播"的传播方式，全面展现《天气预报》顺应时代发展需求所做的服务创新，以及四十年如一日"风雨同舟，冷暖相伴"的服务初心，并获得榄菊、波司登、史丹利、颈复康、司尔特、匹克等近 20 家企业的强势助阵，进一步提升"中国天气"国家级气象服务品牌形象，主题活动全网浏览量达 117.5 万。

2020 年，《新闻联播》后《天气预报》开播 40 周年主题活动

大爱暖寒冬　小爱也温暖

作为国家级气象服务品牌，"中国天气"不忘公益初心，坚守公益属性，面向青少年普及防灾减灾知识和技能，守护学生健康成长；借力"中国天气"新媒体矩阵开展特色宣传，提升区域农特优品知名度与竞争力；发起联合抗疫宣传，弘扬公益正能量。

1. 气象科普进校园

气象主播走进校园开展气象科普宣传，至今已成功主办了 10 余场公益系列活动。其中，"小爱也温暖"气象主播进校园公益活动，快手实时在线观看人数近 50 万，中央电视台、北京卫视等官方媒体现场报道。2021 年贵州站的"气象主播进校园，闪闪红星照童心"活动，实时在线观看人数超过 320 万，中央电视台、贵州卫视、中国教育电视台进行了宣传报道。

气象科普进校园活动

2. 气象助农扶贫

"中国天气"借助全国气象节目主持人资源，结合气象营销特性，开展助农扶贫公益活动，加入了直播、电商等形式，精准打通农产品销售链条，助力雅安销售黄果柑超 50000 斤，"巫山脆李"县域农产直播吸引 84.9 万人次，彰显主流媒体的责任与担当。

"中国天气"助农扶贫公益活动直播宣传页

3. 联合抗疫宣传

2020 年，"中国天气"联合 12 家优秀企业，共同发起"暖暖中国心"抗疫宣传主题活动，借助媒体的力量弘扬公益正能量，在"环球气象"微信公众号，特别推出《暖暖中国心！中国企业在行动》系列报道，宣传企业捐赠、驰援武汉的爱心行为，获得网友暖心支持。

2020 年，"暖暖中国心"抗疫宣传主题活动宣传海报

第五章　业界观察

"中国天气"金名片工程助力
"美丽中国"建设

中国广播电视社会组织联合会广播电视产业发展委员会专家组组长

金国强

1980年7月7日，中国电视栏目中有了《天气预报》节目，40年风雨走来，实属不易。一代又一代的气象人历经千难万阻才有了今天的成就，正是由于他们的坚守，才有了今天"中国天气"的金字招牌。"中国天气"就像气象行业的老字号一样，经典又有韵味。用"老字号"形容"中国天气"品牌，一定有人会说，这个品牌是不是很古板、很陈旧，而"中国天气"却恰恰没有传统所谓"老字号"的痛点，因为气象资讯每天都在更新，天气资讯也在不断变化，生活的方方面面都离不开天气，可以说这个品牌老少通吃，大众皆宜，不会存在老化的问题，这是"中国天气"品牌的一大特点。

除此之外，"中国天气"品牌还有一个很突出的特点，就是它发布的平台很不同。"中国天气"品牌目前打造了全媒体传播矩阵，气象信息垂直传播，国家、省、市、县纵向覆盖、横向传播。传统电视节目全部都是在国家级电视平台发布，新媒体内容也由国家级专业气象平台账号进行传播，粉丝量级巨大。因此，广告主担忧的收视率、覆盖率、到达率在这里都不是问题。

除了国家级平台超强传播力之外，还拥有超强背书这一传播特点。"中国天气"品牌是中国气象局向大众推出的公共气象服务品牌。"中国天气"推出的金名片工程不仅有中国气象局强有力背书，还有中央广播电视总台的权威认证，CCTV《新闻联播》后《天气预报》是中国气象局联合央视平台共同打造的黄金品牌节目，与《新闻联播》《焦点访谈》共同构成了中国百姓观察时政、社会、国际、自然变化最重要的窗口，多年来助力众多民族品牌实现质的飞跃。希望通过"中国天气"品牌建设，进一步推动公共气象服务品牌化发展，在国际气象服务领域发出"中国声音"。

《新闻联播》后《天气预报》节目的收视份额和收视率一直保持第一，市场份额近十年来遥遥领先。"中国天气"金名片工程的超强影响力也是品牌传播的强有力支撑。

超级公信、超级背书和超级影响是"中国天气"金名片工程独有的三大传播特点，也正是因为拥有这些特点，"中国天气"品牌才能在助力建设"美丽中国"中大放异彩。我从陕西电视台到中国广告协会，一路走来，与天气、气象都有着不解之缘。"中国天气"金名片工程自启动以来，帮助不少企业、品牌进行了全方位、多角度的深度宣传，将企业理念、品牌文化与天气相结合，广传播、多覆盖，让企业、品牌提升商业价值，让大众感受到"品牌+天气"打造的"美好生活"场景。金名片工程还打造了针对政府宣传的"名城名景"类名片，将标志景观、城市建设成就在黄金平台宣传推广，旨在推动"美好生态"建设。除此之外，金名片工程聚焦防灾减灾，与保险、汽车等行业联动合作，共同绘制"美好家园"蓝图。

"中国天气"金名片工程，面临新形势、新变化、新需求，勇于创新、打破传统、成功破圈，一直坚守"助力美丽中国建设"这一理念，帮助企业提升品牌价值，推动政府宣传发展。期待"中国天气"品牌未来能与更多的合作伙伴共同秉承"风雨同舟，冷暖相伴"的初心，同呼吸、共命运，携手共赢未来。

文章来源：

2018 年 8 月 8 日钓鱼台国宾馆"中国天气"发布会上讲话实录

把握趋势与抢占风口

中国广告协会发布者委员会秘书长　田涛

新冠肺炎疫情给市场带来了很大的变化和转机，后疫情时代新的"风口"也出现在了大众眼前——直播带货。2019年中国直播电商市场比2017年增长了将近3倍，而未来这个数据可能还会再继续增长。在新的风口——直播带货下，也出现了一些负面现象，使企业在品牌建设和产品销量之间举棋不定。为了品牌在后疫情时代与"中国天气"品牌有更深入、更持久的合作，我们要把当下的问题和市场融合，一起探究今后的发展方向。

2020年6月，中国广告协会发布者委员会秘书长田涛进行主题演讲

众所周知，"中国天气"品牌的核心资源就是《新闻联播》后《天气预报》节目，支撑这个黄金资源的是两大"金字招牌"：中央电视台和中央气象

台。黄金平台、黄金时段保障了优质的收视率。2020 年的收视率数据显示，《新闻联播》后的《天气预报》节目年轻人的市场份额有了大幅度提升，可见年轻人更注重权威的声音，因为权威的声音能够带给他们更重要的信息。2020年，《新闻联播》后《天气预报》还进行了改版创新，画质更清晰、广告更大屏，这样不仅让受众感受到节目的新意，也让广告主的权益大幅提升。创新一定有它的仪式感，创新一定有它承载的样式，"新"不仅体现在资源上，还体现在"新"的受众上，"新"会让我们传统的、有一定年龄的消费者也感到一种新的风气和新的冲击。

CCTV《新闻联播》后《天气预报》节目资源价值

产品是一种客观存在，而品牌则是消费者的主观印象。只有改变了消费者的主观印象，我们才可以把品牌植入消费者的头脑里。后疫情时代下的消费者，急需品牌的信息来巩固他们未来发展的立足之地和对生活的信心。我们在这个时候建立一个权威、有效、有影响力的渠道，能和消费者心智进行沟通，对品牌的发展至关重要。2020 年榄菊品牌和"中国天气"尝试了多种形式的深度合作，从传统媒体的传播到新媒体方式的创新，使榄菊品牌2020 年的销售额提升了 20%，成绩惊人。通过"中国天气"品牌的传播渠道，品牌和消费者之间搭建起了良好的信息渠道，这个渠道的重要性对于品牌的发展是不言而喻的。

　　不知道大家有没有想过，什么样的资讯是各行各业都需要的？是的，就是天气资讯。它就好比是饭菜中的食盐，不如主菜美味诱人，但却不可缺少。天气资讯是任何一个消费者在生活行动中密切关注的。我们用"中国天气"不仅仅要用它的规模，更要用它的内容。通过内容可以和消费者建立信任和沟通。任何品类都可以和天气结合，适配度非常高。特别是现在的年轻人是最庞大的消费群体，榄菊品牌和"中国天气"推出的一系列趣味地图，就在网络上引起热议，话题度很高。品牌的净推荐值和满意度都大幅上升，净推荐值将近50%，这是非常不容易的一个结果。都说互联网时代解决了信息不对称的问题，但信息其实永远都是不对称的。而在信息的不对称条件下，我们如何去寻找一个信息的制高点，又如何通过制高点，最快速、最有效地到达消费者的视线，从而进入他的心智，同时和消费者达成某种共识，这是我们追求的目的。能够达到这种目的的资源平台，一定是在融合方面付出了非常大的努力。今天我们看到的"中国天气"品牌，不再仅仅局限于传统的媒体传播形式，它是把多种传播渠道、多种传播方式以及多种传播产品融合在一起的新品牌。它不仅仅是传播，同时也是活动，又是能和消费者进行互动的优质资源。

"中国天气"品牌资源价值

那么，我们是把握趋势还是抢占风口？答案是一定要在把握趋势的前提下，观察这个风口可不可以给我们带来可持续发展的动力。我们的初心是品牌不断发展，打造百年老店、百年品牌，所以趋势非常重要。品牌建设是一项系统工程，今天我们看到的国家级平台上的国家级黄金资源，能够给我们提供一个坚持品牌建设、坚守品牌初心的可能性和机会。我们可以通过这样的平台来面对市场风口的起起伏伏，迎接市场的无限挑战。

品牌是主观的，而产品是一个客观存在。所有的营销工作者都想尽一切办法去改变消费者对我们品牌的主观印象，这很有难度。但是优质的平台和资源能够有效帮助品牌改变消费者的主观印象，树立良好的品牌信念。消费者必须要通过体验，才能够建立对品牌的认知，通过逐步深入的信息服务以及有效的沟通，才能形成传播价值，才可以帮助我们每一位企业家创造伟大的品牌。我想"中国天气"是拥有这样一个使命的平台，相信每一位企业家也都有这样的信念和追求，二者的合作一定能够在这个伟大的时代创造伟大的品牌！

文章来源：

2020 年 6 月"守正创新　共筑经典"中国天气金名片工程资源升级发布会上的演讲实录

如何让企业获得安全感

央视市场研究股份有限公司总经理　赵梅

2020 年，新冠肺炎疫情的暴发给中国经济造成了严重冲击。广告向来被称为经济发展的"晴雨表"，折射着经济的活力。随着国内疫情防控取得阶段性胜利，我国 GDP 实现正向增长，为企业和广告从业者带来了新的机会。

疫情之下，公众在宅家期间主动回归电视大屏。2020 年上半年，电视媒体收视率快速上升，较上年同期增长 16.8%。与此对应的是，云经济对公众生活产生深刻影响，很多企业在疫情期间将营销重点转移到线上，对效果广告的倾向性也更加明显。然而，商业的本质是相同的。对于企业长期的品牌建设而言，核心趋势就是抓住目标消费者，并在其心智中建立独一无二的品牌形象。风口之下，全新升级的"中国天气"金名片工程就是这样一种"刚需型"的资源平台。

一、大流量

作为"中国天气"金名片工程的核心资源，CCTV《新闻联播》后《天气预报》位于央视全天收视高峰，而高收视能为企业品牌带来持续且稳定的曝光。以 CCTV-1 和 CCTV-13 全天 15 分钟收视曲线来看，《天气预报》并机平均收视率 5.14%，而各大头部卫视 Top1 电视剧的最高收视率在 1.5% 左右，由此可见，《天气预报》收视优势非常明显。

CCTV《新闻联播》后《天气预报》节目还能实现对收视人群的广泛覆盖。2020 年上半年，从观众覆盖率来看，《天气预报》到达率为 55.6%，累计到达人口近 7.03 亿。从人群结构分析来看，节目观众分布突破圈层限制，中心城市 18~29 岁青年观众收视增长 53%，35~54 岁人群的比例达到 33.7%。

对比整个电视收看人群的比例，CCTV《新闻联播》后《天气预报》节目具有更强的集中度，节目观众年轻化、高知化趋势明显。

"中国天气"金名片工程在多媒体平台的分发，也将为品牌带来电视大屏之外的流量。在全媒体传播时代，以《天气预报》为核心，"中国天气"金名片工程旗下全媒体平台的众多流量形成合力，可以为品牌创造最大流量与最大曝光机会。

二、强品牌

"中国天气"金名片工程拥有中央电视台、中国气象局两大权威平台的双重背书，为企业品牌所提供的增量价值不容忽视。

央视具有非常高的公众影响力和凝聚力，据调研数据显示，2016~2020年广告主对央视的投放需求持续上升，2020年有34%的广告主在电视媒体投放中会首选央视。同时，76.4%的消费者也会倾向于选择在央视投放广告的企业品牌。"中国天气"金名片工程旗下的央视广告资源也是如此，有利于不断强化企业品牌的公信力与信任度。

广告主与消费者对于"中国天气"品牌的认可，很大程度上是出于对央视与中国气象局强力背书的认可。后疫情时代，房地产、建筑工程、农业、食品等品类迅速增长，保险、快消、消杀、服饰、汽车等多个品类在"中国天气"金名片工程平台顺利集结，很多行业内的旗帜品牌在带动市场的同时，也反向带动了整个行业对于"中国天气"金名片工程平台价值的认可。

三、好内容

与生活密切相关的天气元素和二十四节气IP的打造集中体现了"中国天气"金名片工程的"好内容"属性。

"好看"，是指消费者对于《天气预报》传播内容的接受度高。"好用"是源于《天气预报》能与各个行业以及公众的生活元素建立强相关性。"好玩"则是因为天气元素极具吸引力，能让品牌传播形式更加丰富，如AI岳云鹏系列 IP 等新产品的开发能为品牌提供更丰富、更有趣、更好玩的营销手段。

此外，深耕气象节目内涵，开发独有节气 IP 资源，不仅能从文化内涵、生活元素等层面凸显节目品质，还能为企业品牌拓展更广阔的资源服务空间。从传播层面来讲，二十四节气 IP 是介于大众媒体和精准营销之间的中间化精准营销。从品牌资产沉淀的角度来看，二十四节气 IP 营销将成为品牌一体化营销的全新突破口，在输出品牌价值的同时，也能打通产品开发、产品性能、产品功能、产品设计等多个环节，最终在传播调性中形成一个相互呼应的载体，提升整个营销链条。

过去人们谈二十四节气，更多的是对古人精致生活的理解。随着消费升级，人们对生活有更深入细微的感知。经济社会发展推动人们的生活方式发生改变，将产业特性与节气时令特性有机结合，并以润物无声之态开展品牌宣传，也将成为品牌进一步升级的推动力。

当我们回望过去，感受世界最细微的发展和变化时，我们又该如何把握当前，做好当下？"中国天气"金名片工程的全新升级，为我们打开了一片更为广阔的营销空间，让我们看到了无限可能性。品牌力就是企业的免疫力，借助"中国天气"金名片工程建立的品牌免疫力，在合作中获得最高的安全感，这关乎企业的未来、品牌的发展，乃至整个社会的进步。

文章来源：

2020 年 6 月"守正创新　共筑经典"中国天气金名片工程资源升级发布会上的演讲实录

"中国天气"金名片：让品牌营销深度场景化

中国广告协会学术委员会常委　周伟

为全面服务国家战略，助力企业品牌建设，2019 年，中国气象局华风气象传媒集团以 CCTV《新闻联播》后《天气预报》为核心资源，融合"中国天气"品牌旗下全媒体资源，重磅推出"中国天气"金名片工程。这张"金名片"拥有哪些核心价值？可以为广告主提供哪些创新服务？作为"中国天气"品牌的老朋友，我从以下三个方面谈一下自己的理解。

一、资源特征：高权威性、高卷入度、高话题性

从信息发布渠道和广告形态特征来说，"中国天气"金名片工程是拥有高权威性、高卷入度、高话题性的黄金资源。

《新闻联播》后《天气预报》节目画面

首先，CCTV《新闻联播》后《天气预报》具有中央电视台和中国气象局

双重的国家级权威背书，是中国气象局联合央视平台共同打造的黄金品牌节目。

其次，天气信息与我们身处的自然环境、社会生活息息相关，因此，伴随着天气信息的传播而自然卷入的，还有人与人之间的各种情感。

最后，不同的天气信息会引发身边人群的不同反应，要理解和融入社会生活，就势必要融入天气话题当中去。天气状况的不可预期、实时变化，容易引起大众的广泛关注，因此天气话题也有着天然的传播属性，可以进一步引发源源不断的其他热点传播话题。

二、资源价值：深度场景化营销带来丰厚价值

不同于一般的视频广告，CCTV《新闻联播》后《天气预报》的贴片式景观广告，非常适合多场景、多版本的灵活投放，丰富的天气场景可以为广告主深度拓展价值空间。以鲁花品牌为例，"天气这么热，回家吃炸酱面"的一句天气提示，形成了产品天然的吸引力，同时也塑造出自然而然的生活联想，这就是深度场景化营销。

从投放策略上来说，多版本灵活投放的方式能为广告主带来完全不同的投放体验。通过不同版本的投放效果比较，广告主能够找到更加精确的投放方式，最大程度避免"广告的50%是白投的"的业界问题，并且通过与天气场景的精准拟合，找准黄金点位，可实现投放效果的最大化。

从广告形式上来说，深度场景化营销适合做嵌入式、植入式的内容化广告——口播内容、画面内容、音频内容相互结合，可以带来全新的传播效果。"中国天气"金名片工程旗下的"小岳岳报天气"短音视频、中国天气网及移动端等新媒体资源、二十四节气研究及赋能产品等多种形式的丰富资源，为广告主提供了更多可融入的天气场景。对广告主而言，深度的场景化营销能为其带来产品多功能的解读与强痛感的启动。找到用户痛感，就是帮助广告主找到用户真正的需求，同时带动用户体验和参与。

《新闻联播》后《天气预报》

城市景观窗口季节性投放和黄金百秒节气提醒

我想，以深度场景带动用户体验、用户情感，并与之产生共情，这是"中国天气"金名片工程的独特魅力所在。

三、营销趋势：多元化服务生态构建营销新模式

不同的广告主有不同的品牌诉求。除了背书品牌形象、实现品牌曝光、多版本多场景展示产品功能之外，帮助广告主在情感链接、生活方式、价值观输出等方面进一步提升品牌传播价值，也是"中国天气"金名片工程的核心优势之一，有很多的挖掘空间。

《新闻联播》后《天气预报》特约窗口（北京尾）

　　通过"中国天气"金名片工程，政务类客户可以与商业类客户进行深层互动、相互搭载，构建全新营销生态，开拓更大市场。与此同时，商业类客户也可以带动政务类客户，在精准扶贫等领域探索更多合作模式，形成"地域生态+农特+品牌"的合作模式，助力区域性扶贫工作。

　　总之，我们从消费场景中已经洞察到了巨大的市场与销量，如何更好地为不同类型的客户提供创新型服务，是"中国天气"品牌接下来需要研究和思考的问题。"中国天气"的丰厚资源，还有待我们去开发，有待我们用创意、产品、场景对现有市场去做最佳配置。用好这样的平台，机会则是无限的。

文章来源：

2020 年《中国广告》1 月刊。

"中国天气"：黄金 300 秒之外的品牌价值

国际品牌协会亚洲区主席　董立津

2018 年开始，"太难了"成为广告行业的关键词之一。大家普遍达成了一种"生意不好做"的共识，却很少有人反思，是不是生意没做好？这两者，是有本质区别的。我们往往会为"生意不好做"找到 100 个原因，却对"生意没做好"的原因避重就轻。

一、从"成功突围"到"高台起跳"

"中国天气"的品牌团队能够在 2019 年的突围之战中取得不错的战绩，很大程度上取决于团队领导的破局思维与思变模式。在传媒行业尤其是电视传媒行业中，很多同仁习惯于用已有的经验去判断客户，把客户的需求完全概念化，最后客户不买单，就直接归因于"生意不好做"。这是对目标客户的误解，也是对行业趋势的误判。在媒体广告受困的时代背景下，传统的媒体经验与商业逻辑已然被颠覆，挖掘央视黄金 300 秒之外的品牌价值，实现品牌增值，是 2019 年"中国天气"品牌完成"高台起跳"的重要路径之一。

二、"2020·C 计划行动构想"

2020 年，"中国天气"的机遇在哪儿？

从 Culture（文化）、Cretivity（创造力）、Content（内容）、Community（社群）4 个"C"的维度出发，我为"中国天气"品牌制定了"2020·C 计划行动构想"。如果说，节气文化是 C 计划的出发点与养分，那么气象专业服务则是 C 计划的立足点与核心。二十四节气丰富的文化内涵为品牌创意与商业合作提供了新的通路，宋英杰老师多年的节气研究成果也为提升品牌文化价值提供了更多可能。

我们能为广告主做什么取决于什么样的资源能推动商品实现真正的流通。

第一是内容。当今是"内容为王"也是"内容救命"的时代，做好内容成为品牌服务的关键。我在美国只关注一类电视节目，就是气象节目，小到雨雪的精确化预报信息，大到因一场雪引发的长达 15 小时的内容直播，因为气象节目与我的生活息息相关。在一场直播里，羽绒服品牌通过主持人着装全程展示，节目内容的丰富性与营销的灵活性通过品牌商业效应和名人效应构建起强大的信任支撑。由此可见，今天的气象节目已经变得极具可看性，在央视黄金 300 秒的价值之外，"中国天气"品牌还有很大的增值空间。

第二是形式。气象节目可以从不同的维度拓展表现形式。以公众普遍关注的极热、极寒天气现象为例，针对一场高关注度的降雪天气过程，邀请不同行业的不同专家，以电视访谈或天气茶话会等新颖的节目形式，从不同视角进行多样化的预报与解读，这既是公众喜闻乐见的节目样态，也为品牌的多元化发展提供了更多可能。

第三是营销。宋英杰老师作为专注于节气研究的文化名家，其多年的研究成果有很高的文化价值与商业合作价值。二十四节气在新时代语境下的发展，在"90 后""00 后"中的传承与创新，都将重新定义气象媒体的价值。"中国天气"品牌需要进一步挖掘与天气深度关联的行业，布局全新的媒体营销模式，在公益类、政务类等市场进行拓展和延伸，实现经营性盈利和可持续性的价值提升。

三、将"节气文化"融入品牌角色

二十四节气既是中国人的时间刻度，也是中国气象的文化之魂，将节气文化之魂融入"中国天气"的品牌角色，不仅能够激发团队的创意能力，还能够通过资源整合，围绕旅游、汽车、户外、健康等与气象强相关的行业，形成高关联度的社区、社群甚至社交圈子，帮助商业合作伙伴实现资源价值最大化。

二十四节气文化具有浓厚的地方色彩。九华立春祭、班春劝农、石阡说春、三门祭冬、壮族霜降节、苗族赶秋等，目前都已经作为二十四节气文化列入非物质文化遗产扩展名录组织。其中，保存较为完整的节气民俗活动，其本身也是具有吸引力的旅游资源。

以九华立春祭为例，九华山在空间上位于浙江西部山区，远离都市，生态自然资源丰富，扮芒神、鞭春牛、吃春饼（春卷或者生菜）等节气习俗已经在九华乃至衢州当地人心目中形成了强烈的节气文化认知与认同。一年一度的九华祭春游，具有浓厚的地方色彩，可以针对突出的节气民俗文化与仪式活动，开发"节气之旅"的特色旅游路线，探寻非遗古迹，感受乡音乡情，从时间、空间与文化三个维度，突出地方节气文化特色，生产有商业价值的内容，展示美丽中国的气候特性，带动区域性乡村旅游的发展，并通过"两微一抖"等新媒体渠道，触达大学生群体等新生代圈层以及具有商业价值的行业圈层。

无论是面对观众群体、意见领袖，还是网络红人，"中国天气"品牌都可以将服务聚焦于"文、艺、达、人"四个层次，做好气象媒体广告在产品及服务层面的创新，充分挖掘《新闻联播》后《天气预报》黄金300秒之外的品牌价值，这将成为"中国天气"品牌2020年新的腾飞点。

打造"中国天气"和投放"中国天气"都需要勇气

张默闻策划集团创始人　张默闻

2019 年 6 月 25 日，在"Y2Y 品牌年轻节"上听过华风集团的分享，感触良多，今天就谈谈"中国天气"金名片工程。说实话，这是华风集团自创办以来最有情怀、最有价值、最有力量的媒体资源的新概念。仅"中国天气"品牌这四个字就价值连城，可以连接的客户、可以链接的品牌、可以联结的文化合纵连横，大有作为。我想，有一个研究机构起到了很大的作用，这个机构就是"中国天气·二十四节气研究院"，这个研究院最大的成果就是将国家非物质文化遗产——二十四节气和媒体资源进行了嫁接，可谓"天作之合"。

我经常问，什么是不辨是非？不辨是非就是你能看到商品的价格却看不到商品的价值。而"中国天气"要做的就是让广告主看到价值，不要拿着真正的黄金资源当大豆和玉米。

我认为"中国天气"金名片工程的资源级别是唯一可以同时达到八个黄金级的媒体资源，这在中国电视媒体领域"一拖八"的优势聚集度方面真的做到了遥遥领先。那让我们看看"中国天气"金名片工程的八个黄金级到底是什么？

第一，黄金级战略研究

"中国天气·二十四节气研究院"的成立和运行本身就是站在"中国天气"媒体资源的战略高度，它解决了三大问题：一是实现了媒体资源品牌和节气文化的融合；二是客户进入资源的心智问题；三是放大和优化了品牌在二十四节气的文化植入。可以说，这种传统文化与现代品牌互生互长的媒体创意是具有超级营销价值的。

第二，黄金级节气故事

节气故事的本身就是品牌故事。现在把这个故事变成了媒体的资源故事，这将大大地提高"中国天气"讲故事的能力和用故事营销品牌的能力。这一点，是创意、是创举、是创造、更是创新。这一点需要坚持，更需要坚守。

第三，黄金级媒体卡位

CCTV《新闻联播》后《天气预报》具有中央电视台和中国气象局双重的国家级权威背书，是中国气象局联合央视平台共同打造的黄金品牌节目，与《新闻联播》《焦点访谈》共同构成了中国百姓观察时政、社会、国际、自然变化最重要的窗口，卡位十分精准，是真正的 CCTV 的 C 位。

第四，黄金级王牌覆盖

天气与老百姓的生活息息相关，而 CCTV《新闻联播》后《天气预报》更是大多数老百姓每天必看的节目之一。据统计，全国 14 亿人中有 8 亿人在看！其实这句话就是"中国天气"的最佳广告语，告诉了我们三个真相：一是中国都在看，二是中国必须看，三是中国都爱看。真正做到了王牌覆盖。

第五，黄金级收视高峰

从 1980 年开播至今的近四十年来，CCTV《新闻联播》后《天气预报》本着"权威预报，真诚服务"的理念，为人们生产和生活提供及时、贴心的气象服务，在全国拥有广泛而稳定的收视规模。据权威数据显示，2018 年，节目处于 CCTV-1 和 CCTV-新闻频道全天收视高峰，收视率及市场份额连续九年位列同时段所有频道之首。

第六，黄金级资源赋能

毫无疑问，传统的网络媒体信息量爆炸，其实无法同一时间、快速有效地触达大规模受众群体，不同受众接触的广告场景不同，存在很大差异化。而CCTV《新闻联播》后《天气预报》则是爆点式传播、规模性覆盖，每天在同一时间、相近场景中快速传播给全国上亿观众，形成更加快速的规模性触达体系，带动品牌知名度迅速提升，赋能速度之快、赋能质量之高，是非常难得的。

第七，黄金级品牌扶贫

收视表现好且稳定，价格却十分亲民，CPM 仅为 1.6 元。CCTV《新闻联播》后《天气预报》因此被称为"投放额度小、连续性强、性价比优的央视黄金广告资源"，不但支撑了成熟品牌的长远发展，还推动了众多中小企业迈上高端权威的央视平台，提升了品牌高度。在中国大力开展精准扶贫的新时代，"中国天气"的性价比其实就是另类的中国品牌的真正扶贫，就这一点来说，我希望中国品牌能够看到"中国天气"的超级爱心和超级价值。

第八，黄金级营销价值

"中国天气"的全新资源定位，在一定程度上深化了媒体的价值，深挖了媒体的价值，使它的营销功能被放大十倍左右，其营销价值得到了最大程度的优化和改良，是媒体资源从量到质的变化，是媒体资源从守到攻的变化。营销价值扶摇直上，客户价值同期飙升。

但同时我认为，打造"中国天气"和投放"中国天气"都需要勇气。那么这个勇气是什么？我认为，这个勇气就是"中国天气"媒体资源的新形象、新服务、新营销、新产品、新价值以及新故事的全新讲述能力和讲述信心。这个勇气是中国品牌客户对"中国天气"的新布局、新认识、新选择、新搭配以及新行动的全新融合能力和信任能力。两者必须进行完美对接，产生火花，永不熄灭。

我认为"中国天气"金名片工程在 2019~2020 年要做的有六件事：

（1）发表《"中国天气"黄金资源蓝皮书》，致敬中国新时代的中国新品牌；

（2）建议"中国天气"首先推出新时代习近平总书记最关心的城市和乡村品牌传播季；

（3）全面关注以农业、农民为核心的品牌品类圈，为 2020 年精准扶贫造势和传播；

（4）启动全国区域公用品牌计划，比如安吉白茶、贵州刺梨、烟台苹果等；

（5）推出振兴中国最美乡村系列品牌，呼应中国新时代取得的"绿水青山就是金山银山"理念的成果；

（6）一定在中国国际广告节上召开盛大的"中国天气　预报中国"媒介推广暨客户联合肯定会。

我特别想向我们的客户这样推荐"中国天气"：

中国人口 14 亿，8 亿都看"中国天气"。在今天媒体资源空前丰富的时代，我们需要的是一个有年份、有观众、有权威、有效果的超级黄金媒体资源。投放"中国天气"最容易出现的错误思维和经验有六个，需要纠正：①认为不是头部资源；②认为打一段就好；③认为不是大品牌集中营；④认为品牌露出窗口化不够大气；⑤认为中小品牌才应该在这里；⑥认为这是农业品牌自留地。

其实，恰恰相反，它的价值正好被颠倒。我们要用更正确的姿势来解读它：①承认它的头部媒体地位；②这个资源必须常年坚持；③大品牌更好效果；④内容决定窗口质量，半屏广告半屏天气应该成为主流；⑤这是国民品牌最应该来的地方；⑥因为天气而生的品牌应该更加关注"中国天气"的媒体资源。

"中国天气"是你读懂它的价值你会尊重的一个媒体资源，我相信它正在被热爱，正在被重视，正在获得新时代新客户的青睐。营销好"中国天气"，投放好"中国天气"都需要勇气，你们准备好了吗？

运用品牌"破圈"法则　实现天气营销

蓝莓会会长　陈特军

目前市场快速变化，品牌营销如果还沿用老旧的套路、玩法，势必会被迅速发展的后浪所淘汰，所以品牌一定要"破圈"。"破圈"是拓展品牌空间、延伸品牌边界的一个重要着力点。当品牌遇上"天气"，"破圈"又有哪些新玩法？

一、四个层面助力品牌乘风"破圈"

品牌本身的"破圈"。品牌想要实现从小众走向大众，从区域走向全域，需要依靠大众媒体的力量。选择高收视、广覆盖的《天气预报》可以提高品牌知名度，完成品牌自身"破圈"。

"中国天气"品牌出圈，
带动合作品牌出圈

品牌出圈的意义

用户人群的"破圈"。很多品牌注重人群的划分，如用户群体是男性，是儿童，但是局限于一个群体会降低品牌的跨行业性。积极跨界融合，才能获得更高的关注度。例如，二十四节气为气候圈、中老年人群体所熟知，想要争取更多年轻人的了解，品牌要学会利用年轻人感兴趣的潮流时尚作为突破口，实现从中老年到青少年的"破圈"。

渠道的"破圈"。也就是线上、线下的"破圈"。线上要突破壁垒，需要有品牌的力量、媒体的支撑，《天气预报》是品牌获得权威背书与央视黄金时段曝光的最佳选择。

内容与传播的"破圈"。品牌有时会误入自我表达式的传播怪圈，只有充分了解消费者喜欢的内容和形式，才能达到事半功倍的效果。以前知识传播以图文形式为主，现在短视频是未来发展的趋势。内容短视频化是个突破点，把天气信息、节气知识改编成短视频，通过演绎达到内容"破圈"。品牌传播还可以打出漂亮的组合拳，在选择电视资源的同时，再结合新崛起的短视频平台，引发全民互动和自发传播。

内容出圈引发全民互动

二、五大法则开启营销新时代

IP化运营，裂变式营销。把"中国天气"金名片工程旗下的核心资源——CCTV《新闻联播》后《天气预报》作为一个 IP 去运营，并把该工程的招牌——"大国名企、大国名品、大国名城、大国名景"四大品类作为品牌 IP，逐步提升"中国天气"的品牌背书水平。

让大 IP 分裂成小 IP，推动品牌实现裂变。比如，二十四节气可以以"1+24"的方式进行 IP 运营，将二十四节气打造成为一个大 IP，以独特的视觉效果强化标识，并确保"中国天气"二十四节气版权内容得到权威认证，与此同时，将二十四节气做成 24 个小 IP 单独运营。

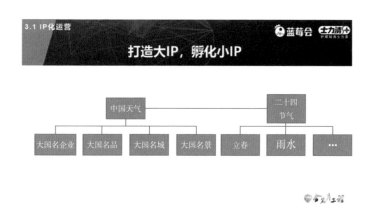

品牌的 IP 化运营

产品娱乐化，内容生态化。一般来说，对于一本正经、严肃深沉的内容，用户的接受度会比较低。营销也是如此，轻松娱乐的内容往往更能吸引人。"中国天气"与榄菊集团合作研发的"蚊子地图"之所以能获得 2.2 亿的浏览量，正是因为话题轻松、参与度高。企业应把娱乐化、故事化的内容做成生态，根据自己的属性和需求，选择相应的产品并进行传播分享，最终变成全民制造。

内容生态化

    品控严格化,效果独特性。"品效合一"是品牌营销的大势所趋。"中国天气"金名片要以天气内涵为驱动,严格把控品质,开展独具天气属性的品牌营销。如果盲目追求新趋势,可能会对品牌造成直接损害,因此《天气预报》要对"品效合一"的效果进行严格把控。

    传播公益化,表达情感化。品牌本身也具有公益属性,它传递的不只是产品信息,也可以是一种理念、一种价值、一种人文关怀、一种讲温度的责任。比如,二十四节气做 24 个微公益,关注不同的人群和议题,拉近与百姓的距离。

表达情感化

体验互动化，影响扩大化。寻找一个结合点，在不同地点，用不同事件，把不同的品牌以天气为纽带链接起来，借助话题营销、事件营销，传播品牌声浪，扩大影响。

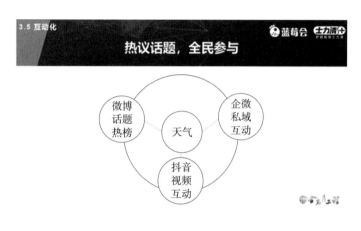

体验互动化

期待未来"中国天气"金名片工程有更多引爆眼球的天气产品，找到属于天气 IP 的"破圈"之路，助力合作企业成为行业领军品牌。

好 IP 一定是天地间"长"出来的

——"中国天气·二十四节气研究院"揭牌仪式圆桌论坛实录

主题：融媒体环境下的二十四节气传播

时间：2019 年 6 月 27 日

地点：中国·北京

论坛主持人：田涛（中国广告协会发布者委员会秘书长）

论坛参加人：金定海（上海师范大学人文与传播学院教授、博士生导师）

　　　　　　侯东合（中国之声副总监）

　　　　　　穆虹（广告人文化集团有限公司总裁）

　　　　　　周晓晗（喜马拉雅副总裁）

　　　　　　陈尚武（121 融媒体总裁）

揭牌仪式圆桌论坛专家发言现场

实录内容：

田涛（主持人）：我们先和大家共同再次认识一下台上的各位嘉宾。左边第一位是金定海教授，金老师是上海师范大学人文与传播学院的教授、博士生导师，是我们整个营销传播以及人文研究方面的学术泰斗。金老师是业界非常熟悉的老朋友，谢谢金老师的莅临。中间这位是侯东合侯总，他是中国之声副总监，今天他的到来就像刚才说到的，是方方面面传播构成中的传统媒体的代表，也许广播现在还不太愿意被说成是传统媒体，待会儿看您的发言当中如何介绍。中间穆虹老师是广告人文化集团有限公司总裁，穆老师非常擅长策划大型活动，历届的广告峰会都有穆虹老师的身影，欢迎穆虹老师。周晓晗周总是喜马拉雅副总裁，很多人都是他的用户，前几天的用户数据还是 4.7 亿，上升得很快，现在已经有 5.3 亿。差不多有收听能力的人，每两个就有一个您的用户。最右边是 121 融媒体总裁陈尚武，融媒体是非常流行的词汇，也是习近平总书记对媒体提出的要求，现在专门做融媒体的集团已经出现了，如何做融媒体，一会儿我们可以听听陈总的见解。

介绍完各位重量级嘉宾以后，我们把环节内容分成两部分：首先是把共同的问题请五位嘉宾共同讨论，然后如果有时间，还有一些个性化的问题，看看专家都有些什么独到的见解。第一个问题抛给在座的每位嘉宾，刚才白主任介绍的时候，我们对于二十四节气研究院有这样一个定义：她说它是共享的、共有的、共建的、共赢的。二十四节气具有历史文化的属性，二十四节气研究院将它研究出来以后，希望全社会都拥有，全社会都应用并加以传播。传播有两个概念：一个是对文化、历史的传播，另一个是可以作用到品牌的建设上，这是一个非常好的具有价值的 IP。第一个问题请教金老师，二十四节气在整个传播应用中，您有什么样的见解或者它有什么样的趋势？

金定海：首先感觉二十四节气是非常神圣的信息。古往今来，中国的老百姓看时令、看天气，然后运用到生活中去。从我自己的体会来讲，我对二十四节气的感受，科学性的认知比较浅显。我只是知道，到什么节气，有什么相应的生活上的调整，包括行为上的调整。实际上节气的概念已经进入生活的底层逻辑。之前白静玉主任分享的"共享、共有、共建、共赢"是一个非常好的概念。首先从价值层面上来讲我的理解是,被人使用是幸福,被人使用才是有价值的。如果你这个信息没有人使用,实际上就是没有价值。

其次就是品牌概念。品牌概念是价值感的概念,节气研究院在这个层面上,要思考今后怎么打造"二十四节气"这个品牌,使它成为华风集团的核心概念。"二十四节气"要成为我们的品牌,应该具有价值,应当被广泛使用。中国传统文化留下了很多很好的与气象、天气有关的概念,只是目前我们还没有很好地把它梳理出来。比如雾霾,实际上这个霾质现象早就存在了,古代文献早就对这个现象有所记载,只是不被后人重视。可能在二十四节气的研究过程当中,会有很多类似的发现。对于这个现象的发现和梳理,以及如何把节气背后的故事提炼出来,对"二十四节气"品牌的传播特别重要。

上海师范大学人文与传播学院教授、博导金定海在圆桌论坛发言

　　田涛（主持人）：谢谢金老师，金老师说通过二十四节气可以认识很多新的东西，过去我们的认识和思想中没有意识到的东西，比如说有种天气现象叫做霾。金老师还提出，二十四节气研究院的研究成果被人应用得越多就越有价值。更多的应用、更多的传播一定意味着这个研究院价值要最大化，二十四节气本身要注册，形成品牌，它的价值才会发挥得更大，谢谢金老师。

　　侯总，请您从传统媒体、广播媒体的特征角度，谈谈对于二十四节气本身文化的传播及其对于品牌传播的建议。

　　侯东合：我先说一个小插曲，英杰背诵二十四节气歌的时候，我很感慨。好播音员是怎么练成的，必须要背二十四节气歌。成立这个研究院对二十四节气的深入研究意义非常大，刚才大家提到对二十四节气的理解，特别是申遗成功以后，一到二十四节气的某个节气当天，自媒体一系列的抄，我是以英杰的为权威版，其他版本实际上有很多不通的地方，我觉得这个研究能够契合新时代，帮助我们更好地理解古老的节气。当年二十四节气产生的时候，北京永定河经常泛滥，现在北京的天气就不一样了，这个研究特别有价值。提一个建议，刚才很多同仁在发言的时候都提到要通过新媒体平台和各种平台发布，这样容易造成片面追求点击量，为了吸引眼球说一些不科学、不严谨的情况。建议咱们在研究过程当中，把二十四节气跟现在的科学技术结合起来，真正发布一些符合科学的内容，处理好吸引眼球和引领的关系，作为华风集团，引领的功能特别大，你就是最权威的，你的引领特别重要，不要片面地只为吸引眼球。

　　田涛（主持人）：我们一定在整个发展中处理好引领和迎合的关系。

　　侯东合：回过头看，比如说清明，清明既是传统节日又是二十四节气之一，前几年清明开始放假，很多人十几年没有回家上过坟，通过节气和假日的引领，回家给老祖宗磕头。去年第一个农民丰收节，若干年之后大家会忽然觉得，农民丰收节已经嵌入我们的生活，应该在这些上面多做一些文章。

中国之声副总监侯东合在圆桌论坛发言

田涛（主持人）：希望我们注重引领，不要只博眼球，担当弘扬正能量、弘扬主旋律的责任和义务，谢谢侯总。侯总也提出来整个研究要符合时代，过去永定河泛滥的时代过去了，今天时代的变迁也要体现在我们的研究中。

穆虹：大家说得都非常好了，时间有限，我只说一点。今天到场的企业家很多，他们干什么来的？他们要发现更好的机会来传播资源。二十四节气是中国文化当中天人合一表达的一个很重要的部分，我希望我们下一步把天人品牌合在一起，把节气和品牌合在一起。白主任推出的金名片工程非常有意义，既有文化的导向，又把品牌和民生做了一个非常好的结合，好产品一定是"长"出来的，一定是从天地之间"长"出来的，不管现在科技如何进步，它的底层依然是品牌的质量。在这个逻辑上我也希望未来我们的节气理念和我们的品牌能够做进一步的整合，同时为我们的民生服务，谢谢！

广告人文化集团有限公司总裁穆虹在圆桌论坛发言

田涛（主持人）：谢谢穆虹老师，第一个问题提出来，企业家来干嘛？当然是寻找机会，像台下的鲁花等品牌的企业家，你们都在寻找既具有文化的内涵，又具有历史的内涵，还能非常好地贴近消费者这样的IP。我想二十四节气就是这样的，有文化的内涵、历史的内涵，同时特别贴近消费者生活的每一个方面，这当然是非常好的传播机会和传播题材，我想各位企业家一定能够认识到。作为喜马拉雅线上的音频平台，已经和宋老师有合作，请谈谈您的看法。

周晓晗：谢谢各位老师，我就跟宋老师合作的项目表达一下感想。您刚刚问我们如何建立这个品牌，建立这个IP，非常重要的是我们对这个品牌和IP有一个准确的定位，它到底是什么？它不仅仅是48个字。二十四节气作为一个象征性符号，它象征的是什么？它是不是代表了更广阔、更深刻的，我们要传达给所有用户和受众的文化传统。宋老师做的节目，到什么季节吃什么样的食品，不仅仅是传递你们要吃什么的信息，它本身讲的是顺应自然的规律。《道德经》里说，"道"是万物生长的规律，"德"是我们要顺应它，背后的传统文化我们需要通过节气载体传达给受众，不学这个不会知道中华传统文化之美。"今天天气不错，您吃了吗？"你只知道这个，但是不知道"一候玄鸟至",春风到了桃始华,你没有观察自然的能力;你也说不出"燕山雪花大如席,片片吹落轩辕台",你只会说"今天下了好大的雪"。这些东西才是我们要积淀的,才是我们要传达给孩子们的。不能说一写作业都是今天天气真好,晴空万里,飘着朵朵白云,他要知道"沾衣欲湿杏花雨,吹面不寒杨柳风",通过天气这样一个品牌、节气这样一个品牌传达给我们这些内容。对于我们的用户,他不仅仅是这 48 个字,不仅仅是字面上的意义,我们传达的是一种文化的情感和链接,这样一个 IP 才能深入人心。从我们的角度来讲,我们要先定义 IP 和品牌,赋予它灵魂,它才能贴近我们的生活。

田涛(主持人):这样一个二十四节气 IP,它深层的内涵价值,您认为是它的历史价值还是它的传播价值?

周晓晗:我认为灵魂是智慧,不是信息。信息是网上、百度可以搜到的,二十四节气蕴藏的是古人的智慧,古人观察自然、观察万物,并且知道怎么与自然和谐相处,怎么让它把我们变得更好,这个是非常有趣的智慧。我们能够把眼睛打开,更深入地观察它,与自然更好地和谐相处。我们通过观察那些动物、植物生长的现象,跟它们融合,这是非常智慧的一件事情。

喜马拉雅副总裁周晓晗在圆桌论坛发言

田涛（主持人）：这是一种智慧的凝结，不是简单的一些时间规律的表现。现在是智能时代，人类能够发明那么多智能设备，我们自己的智慧也要更好地提炼出来，而这些智慧可以让我们更好地融入大自然。虽然我们改变大自然的可能性很低，但是我们顺时顺天做一个更加智慧的人，这个是二十四节气带给我们的。学了二十四节气可以让我们更有文化，教育我们下一代的时候，传播我们品牌的时候，我们能更好地和消费者形成文化的共振和共鸣，再次谢谢这样一个精彩的观点。陈总来自121融媒体品牌，在全国融媒体声音这么大的情况下，做融媒体的公司和集团并不多见，陈总的公司先知先觉地已经做了十几年，在传播上有很多的创新，请陈总解释您的想法。

陈尚武：刚才各位老师讲了很多关于二十四节气内容的部分、灵魂的部分，我是对传播的领域更加熟悉一些。刚才白主任讲二十四节气是共享、共赢、共有、共建，我们最终的目的是建一个 IP，建一个我们华风集团私有的品牌。对于融媒体这个问题，我想给大家做一个简单的介绍，大家可能讨论得很多，但到底什么是融媒体，到底在做什么？融媒体是习近平总书记2018年8月20日提出的非常重要的政策，我们在大城市一般叫媒体融合，在中国县级以下地区叫县级融媒体建设。它是一个体制性的改革，是整个传播环境根本性的变化，不仅仅是一个传统媒体的整合。它是要把传统的广播、电视、报纸整合在一起，让传统媒体的声音发到所有的互联网平台。现在我们和中国600个地方电视台进行合作，数字还会进一步扩大。我们把传统的广播电视内容，通过我们一键分发系统传输到全国最大的17个互联网平台，包括阿里、腾讯、今日头条等。在这个平台上，无论你打开广播、电视，还是今日头条、腾讯、阿里巴巴、土豆、趣头条，都可以听到我们的声音，这就是融媒体的操作体系。

作为华风集团，特别是二十四节气方面，之前我也跟白主任做过沟通，我们进行了一个调查，特别在中国县级以下，这部分人群更需要天气预报和气象知识。我们调查了1000个地方电视台，800多个电视台提出对这样的节目非常欢迎，之前他们的天气预报节目都是由地方的气象局简单制作的，如果由国家气象局打造，通过各大电视台定位，在各媒体的账号发布，无论你打开广播、电视，还是今日头条，都可以看到华风集团二十四节气这么一个IP，这就是整个传播的融合。

现在在融媒体建设非常热的情况下，二十四节气在传播上实际上可以为我们县级融媒体中心赋能，同时县级融媒体中心也可以成为华风集团进行IP打造的新方式。我们现在叫融媒体，实际上叫全媒体，无处不在。我们最近和阿里巴巴、海尔等这些大企业合作，把这种传播形式称为融媒体投放形式，这很快会成为整个社会、传播界的大趋势，在这里祝华风集团能够早日打造出自己私有的IP。

121融媒体总裁陈尚武在圆桌论坛发言

田涛（主持人）：未来的传播一定是随时、随事、随地，不再用一个统一的概念定义，而是完全适用的地域特征、时间特征和事件特征，这样的传播将来在融媒体传播中更加有效，更加结合地域，结合目标人群的需求，我相信二十四节气对每个地域都有贡献。由于时间的关系，我们最后请每位嘉宾对我们二十四节气研究院送上一句祝福。

金定海：节气是特殊的时间性质，它在特殊的时间性质当中会和特殊的生活形态结合，节气是更有文化性的，更有民俗性的，我感觉到我们的内容有很多的想象空间，比如我上次看到的海尔冰箱，它有一个显示屏，打开冰箱的时候会告诉你这个节气该吃什么。为什么要融媒体？就是因为传统媒体有局限，我感觉到我们研究院的工作特别有意义。活在明天，今天的另一半是明天。

侯东合：感谢华风集团长时间以来为我们提供的智慧、权威的天气预报，我也相信我们对二十四节气的研究，一定会像你们的天气预报一样，既智慧又权威，谢谢。

穆虹：要升上去、沉下来。升上去就是指我们的文化，现在专家学者都是最顶级的；沉下来，希望二十四节气这属于中国人的文化，能够有利于民生，有利于品牌，有利于教育，有利于扶贫，有利于很多很多，我们将会功德无量，谢谢。

周晓晗：我们都不知道春天是从哪一天开始来的，我希望我们研究院的文化是五个字：润物细无声。这是件伟大的事情。

陈尚武：二十四节气，中国的 IP。

田涛（主持人）：谢谢台上的各位嘉宾，我们用掌声再次对他们表示感谢。

不设限！ "破圈" 路上的 "中国天气"

——"守正创新 共筑经典" "中国天气" 金名片 工程资源升级发布会圆桌论坛实录

主题：品牌如何乘风破 "圈"

时间：2020 年 8 月 20 日

地点：中国·广州

论坛主持人：周伟（中国广告协会学术委员会常委）

论坛参加人：金国强（中国广播电视社会组织联合会广播电视产业发 展委员会专家组组长）

初志恒（鲁花集团首席品牌官）

薛洪伟（榄菊日化集团总裁）

陈特军（蓝莓会会长）

李樽（广东省广告协会秘书长）

资源升级发布会圆桌论坛专家发言现场

实录内容：

周伟（主持人）：我是中国广告协会学术委员会常委周伟，接下来的圆桌论坛由我来为大家主持，首先，还是请我们几位嘉宾都简单地自我介绍一下。

李�：各位领导、各位嘉宾大家好，我是广东省广告协会的秘书长李�。非常高兴今天和大家在这里有机会能够交流。谢谢大家。

陈特军：大家好，我是蓝莓会的创始人，也是设计品牌的负责人，今天这个"乘风破圈"的主题非常好，等下可以跟大家交流一下，怎么样去"乘风"、怎么样去"破圈"。

薛洪伟：大家好，我是榄菊日化集团总裁薛洪伟，很高兴与大家在这里交流一些营销的话题，谢谢大家。

初志恒：我是广告界的老人，"鲁花集团的卖油郎"——初志恒。

金国强：我在电视台工作几十年了，我叫金国强。

周伟（主持人）：大家看到我们的阵容非常强大，既有非常资深的专家领导，也有非常重要的客户合作伙伴。我们今天的主题是"品牌如何乘风破圈"，这个主题很有意思。"乘风"指的是用好天气气象，"破圈"就是如何进行更好的、更新的、全域的传播。

说到这个主题，其实我觉得跟我们今天的大主题非常的贴切。我们看到"中国天气"一直在创新，这种创新给我们带来了传播领域一个非常新的案例模式。其实我们从古到今一直都有一个习惯，大家逢人见面聊天都先聊两句天气，这就是"破圈"。聊聊天气会给我们带来很多的话题，也给我们带来更多的场景。天气如何对我们的品牌产生很好的影响？我首先想请我们这里的一位年轻人，"80后"的蓝莓会创始人——陈特军先生，请您先从品牌成长的角度，给我们讲讲如何？天气如何跟我们的品牌能够产生更好的关联？有请。

陈特军：谢谢周总，我小一点，所以我就打头阵了。应该说"破圈"是在"后浪"刷屏朋友圈之后，大家都在讲"出圈"和"破圈"，给大家很大的启发。我们有时候说很多人给自己人生设了太多的限制，觉得自己这不能干，那不能干，思维有太多的局限。就像我们最初只是觉得天气可能只与农业相关，其实不止如此，我们每个人的人生也不止如此，所有的都不应该被限制。从这方面来讲，怎么样去突破和创新，我觉得是最迫切的核心。

对品牌来讲，我觉得应该从四个层面去"破圈"。一是品牌本身的"破圈"。我们所有的品牌都喜欢从小众品牌发展到大众品牌，从区域品牌到全域品牌，所以要想做到这一点的话就要有力量。所以你靠一个小众的媒体注定成就不了大众的品牌，你只有靠大众媒体才能成就大众品牌。我认为"中国天气"就是这样一个大数据平台、大众的媒体，所以我们一些品牌要"出圈"，要能够有更高的知名度、认知度。

二是人情的"破圈"。我们的重点是人群，华为的任正非任总，最早的时候他不做 C 端产品，但是最后他也做了华为手机，才有了今年华为这样一个很牛的品牌，否则它会成为一个行业性很低的品牌。所以我觉得从这个层面来讲，用户可以破圈。为什么？因为天气是每个人都关注的话题。

三是渠道的破圈。渠道一般分为线上和线下。线上有很多渠道，你要突破壁垒，就要有品牌的力量，要有媒体的支撑，我觉得"中国天气"品牌是具备这样一个可以实现的渠道条件的。

四是传播和内容的破圈。我们有时候在传播的时候喜欢自说自话，总是想表达自己的优点，消费者有时不需要知道你有多好，消费者关心的是品牌带给他的价值。所以天气是消费者需要的内容，对吧？但是，有时也是可以强加给消费者的，所以这个时候植入品牌信息，就能实现内容的传播。

关于如何去做好天气营销，我认为以下几点可以跟大家分享。

第一点是 IP 化。不要只把"天气预报"当作天气预报，应当做成一个知名的 IP。你可以把"天气预报"四个字当成品牌 IP，增强品牌背书。

第二点叫娱乐化。消费者或者受众都不喜欢一本正经，大家都喜欢轻松一点，娱乐化一点，不喜欢太深沉的东西。我们做营销也是一样的，像榄菊的"蚊子地图"，为什么有 2.2 亿的流量？我也喜欢，每个人都喜欢，我觉得应该更多一些品牌娱乐化。

第三点是品效合一化。品效合一是个趋势，直播带货是否很好？是可以看到明显效果，当然还是存在很多问题的。所以我们"中国天气"能不能在未来做到品效合一化。我现在看到"中国天气"品牌是有天气商城的，也有天气的短视频，天气的直播带货可不可能实现，我觉得不是不可以，对吧？我觉得是可以实现的。

因为时间的关系我就简单分享到这里。

周伟（主持人）：感谢陈会长，他非常精练地把如何"破圈"的四个方向和三个方法讲得非常清楚。其实我们知道广东是一个经济非常发达的省份，同时广东人的理念也非常先进，特别是民营经济发展得非常好，接下来请李樟秘书长给我们讲一讲，像天气这样的一个话题型的营销模式。我们看到，话题型营销可以应用于各行各业，比如保险业、医药健康、食品业等。在您的视角下，像广东这样的地域性企业如何能够最大化发挥天气名片、天气品牌的价值？

李樟：谢谢主持人。首先《天气预报》这个媒体资源非常稀缺。稀缺在哪里？稀缺在它的公众认知上，公众认为它是稀缺的，虽然只有几分钟，但是我们每天都在看，为什么？因为我们有需求。从这点上看，几十年来都已经被认可了。还有一点，它是央视的一个平台，是国家级的一个权威发布。双保险、双背书。

我想提出几个问题，第一个问题，为什么要背书？它实际上是在为企业背书。首先，背书你是个优秀的企业，它是有门槛的，不是说随便一个企业就可以投广告的。我要看你的产品质量、产品认证、公司团队、未来的发展趋势等一系列的东西。背书就是为企业向公众展示出来这个品牌，告诉大众，这个品牌是有价值的。从这个意义上讲，就是让老百姓、普通的消费者认为我在这里买东西没有错，有人已经帮我把关了，把质量关、把信誉关、把信用关，这是这个平台最大的价值。

第二个问题，天气预报与产品和消费者的关系怎样？对三者关系的简单理解，我认为就是两点：心理需求和生理需求。心理需求是什么？冬天来了，夏天来了，晚上突然暴雨，应急来了，我要怎么办？我要告诉我的家人、我的朋友，甚至我的企业要做什么准备，这是心理上的需求。生理上的需求，比如蝗虫来了，暴雨来了，我应该准备些什么，这些东西与人们的需求太接近了，换句最通俗的话讲它就是刚需，这个节目媒体资源就是一个很好的资源。能在这上面做广告的企业，它的产品就是高端产品。

第三个问题，就是我们说的圈子问题。原来我们单纯的理解无非就是天气预报。实际上我们看到了一个耳目一新的东西就是创新，它的创新就是让我感觉到有这么多的元素！原来没有仔细地想，天气预报怎么会有这么多的想法、这么多的玩法？既有动画的，又有场景内的、场景外的，还有联动的、矩阵的。这个让人琢磨起来太有想象力了，太有穿透力了，就是说我不仅在这 5 分钟的时间段看到这个东西，可能还有眼睛看不到的，这些以外的传播。实际上它传播的速度、范围和效果远远超出我们的想象，这就是这个平台的价值。

我觉得未来随着技术、认知、场景的变化和创新，这个平台的价值会越来越大，而且刚才几位企业老总也分享了。当然，是不是所有的产品都符合这个媒体，现在可能不好说，但未来非常有可能。随着技术的发展，它会更有连接性。

好，我就说到这儿，谢谢大家。

周伟（主持人）："中国天气"品牌营销团队有一个特点，就是非常重视专家，特别是在这个快速变化的市场环境下。其实"中国天气"品牌本身有很多非常了不起的专家，像宋英杰老师，在节气方面有非常深入的研究。我们了解专家的观点以后，其实我还想请我们行业的合作伙伴"中国天气"品牌的优质客户——真正体验了我们的广告价值、体验了 IP 价值的初总和薛总来讲一讲，天气和品牌营销是如何共生和增值的。

初志恒：我是在广告投放上花费了 100 亿元的一个人，在这个方面稍微有些发言权，但是面对现在的市场形势，我也有两点困惑。

第一是广告市场数据分析方面。这也是如何让品牌跟媒体嫁接的问题，这个在书本上已经找不到真知灼见了。好在今天田涛老师分析得非常深刻，让我心潮澎湃。

　　第二就是平台的渠道化。我现在发现"金名片"工程逐渐开始"破圈"了，已经跨过了传送、传递、传达。这样一个平台，有这样一个功能，它变成了一个可以与消费者link（链接、联合、联动）的平台，包括与腾讯、百度也开展了合作。我怀疑之前所谓的"圈"是不存在的。为什么"圈"不存在？如果单纯地说是一个广告发布平台，你还在圈里边，但是现在能说"中国天气"只是一个发布机器吗？显然不是。现在的营销模式已经因为平台之间边界的打破而改变渠道集中起来。

　　这两点疑惑，让我今天有了新的解决方案。"中国天气"品牌还有一个特点就是品牌人性化。作为客户与"中国天气"这样的平台合作有不成功的吗？我认为不会。谢谢大家。

　　周伟（主持人）：今天讲的就是思维的"圈"，物理的"圈"其实已经不存在了。在这方面我们看到榄菊集团也是在《天气预报》改版以后，进入圈子的。但是发展得非常迅猛，这也让我们重新认识了这个平台，甚至把它认知为品类，就请榄菊的薛总分享一下感想。

　　薛洪伟：坦率来讲，这几年对于广告主来说很痛苦，尤其是过去的几年，大家可以看到媒体越来越碎片化，电视媒体的收视率越来越低，基本上你投了以后，头部的卫视收视率在1%左右，媒体投放价值在下降，投资回报也在降低。所以当《天气预报》从神坛走到老百姓生活当中的时候，我就想着如何去和"中国天气"合作。因为我们只要将天气这一块利用好、开拓好，我们会有很大的空间，我从以下三点来讲：

　　第一是借势营销。我们今天讲"破圈"，其实万变离不开那些原来营销的基本东西——借势营销。比如说今天是台风，明天是暴风雪，后天是沙尘暴。其实对于我来讲，抛开我们的生活和老百姓的日常受影响来讲，遇到这样的极端天气，老百姓看《天气预报》的就多，收视率将会达到七八个点，这就是我们最好的借势机会。所以从企业营销的角度讲，这个危机，天气对于我们日常生活影响的危机，就成为我们传播的一个最好的机会，这个就是借势营销。

　　第二是场景营销。其实现在的年轻人的消费情况已经发生了很大的变化，不是你强硬地告诉他，这个东西是杀蚊子的，他就会去买你的东西。我们现在最应该做的是什么？是实验室场景化，把实验室搬上所有的平台去，所以我们今年有了自己的直播团队。做"蚊子地图"，这也是一种场景化的营销。所以说这种场景化、实验室化的营销与消费者之间有更多的互动是更重要的，这是一个营销上的解释。

第三是"种草"。比如说现在大家都爱看的小红书，消费者会去公开发布产品体验。现在还有一个就是什么？就是我们也可以和天气、气象来融合。比方说我们追台风直播的时候，可以植入榄菊产品。当追风小组在镜头前打开背包，第一个露出来的，除了手电筒等一些安全用品后就是榄菊的驱蚊液，这也是一种"种草"方式。所以热门话题我们都可以考虑进行融合。

作为广告主的我们来讲，借势主要借什么？借《天气预报》，因为是国家级媒体资源，我们只有站在巨人的肩膀上和巨人一起跳舞，对我们品牌的背书才是最强的。所以我觉得从借势、娱乐、"种草"等角度来说，其实这些资源只要我们深层次地去挖掘，都是"破圈"的机会，也是很好地和"中国天气"结合的例子，这是我们在这一年的合作当中个人的一点体会，谢谢大家。

周伟（主持人）：非常精彩，谢谢薛总。其实榄菊和"中国天气"有很多深入的合作，是因为时间有限，薛总都还没来得及介绍。比如说像灭蚊指数的发布、海报以及视频等产品，大家有机会可以搜一搜、看一看，非常的精彩，所以我们说一个好的媒体平台一定是客户养成的。

在这里我们不仅要感谢榄菊集团对于"中国天气"业务的支持，更感谢给"中国天气"带来的创新和发展。接下来我们将有请行业里的一个老领导，也是老专家，金国强先生。从您的视角来看一看像"中国天气"品牌这样的创新，它有什么样的价值，对我们的品牌成长有什么样的意义？

金国强：听完这么多专家讲，我先从情感角度谈一下。我和"中国天气"的缘分从20年前就开始了。在现在这个市场趋势下，传统媒体到底能为企业做什么？"中国天气"团队给我的感觉首先是暖心，我认为暖心是团队最大的名片。再就是他们的特殊属性——气象，这几年也一直在破圈、破局。还有就是不断地升华，成立了节气研究院，拥有很强大的专家团队。有这样的平台、这样的团队、这样的专家才有现在暖心的"中国天气"。

周伟（主持人）：今天的"中国天气"在变，我们叫新气象，但同时我们也要看到新营销，几位嘉宾给我们讲到的这种新的营销，特别像"金名片"工程这样的项目、这样的IP、这样的一个新传播，更让我们看到未来传播的新方向。

在此，我想请几位嘉宾，用最简单的语言给未来的"金名片"工程提一些建议、设想和祝福。还是先从李樽开始。

李樽：谈谈建议想法。就是说我们央视的气象节目，已经是若干年的品牌了，在不变和发展的情况下，有没有计划在"中国天气"上做点文章，比如说在线下的网络直播中开辟一种新的玩法？我觉得咱们是有资源的，因为每一个突发事件或者大部分突发事件，与天气预报都是有直接关系的。如果我们在突发事件里面去搞直播，作为一个栏目来讲，影响力甚至广告效益我觉得都是很有潜力的。

再一个就是打通更多的媒体资源，进行资源互换。比如与腾讯和阿里进行媒介资源置换，就是你的客户在播广告的时候，把我们《天气预报》的资源加进去，我播《天气预报》的时候也把你的客户资源加进去。实际上，这从战略意义层面讲就是抱团取暖和渠道的资源互换。

陈特军：刚才金台讲的，人的感情很重要，确实是。我是希望我们"中国天气"未来能像榄菊薛总讲的，从高山上走下神坛，走到我们平民大众当中来，这是获胜的最核心的一步。我觉得未来我们可以有更多的《天气预报》创新，有更多的温度，与公众有更多的连接，与我们所有的用户人群有更多的互动，这样我们企业品牌也就能收获更多，我们就能够实现刚才讲的双赢，即共赢。谢谢。

薛洪伟："中国天气"金名片确实金光灿灿，我觉得"中国天气"有很多新的课题、新的产品，国家级的平台和全媒体的资源一定可以打造最快的传播方式。跨界平台的跨界营销、企业之间抱团取暖所带来的传播量将是巨大的，也会助力于"中国天气"品牌的营销。我觉得从这个角度来讲，会给天气资源带来更大的爆发机遇。

初志恒：在所有的电视节目和栏目中，"中国天气"它是最接近自然、接近老百姓的一个信息平台。它就是一个发布平台，但是好多生活方式都可以改变，尽管不断变化，但是"中国天气"与百姓之间的关系是一直存在的。

金国强：我了解到"中国天气"未来还有很多新的想法，我的建议是要时刻关注客户的新产品，时刻关注客户的动向，才可能更好地为客户提供服务。不论是二十四节气研究院，还是未来要举办的"节气之旅"活动，永远都要以客户为中心。

周伟（主持人）：感谢各位的发言，为我们的圆桌论坛提供了精彩的内容。

新技术排头兵　"中国天气"
智能化赋能无处不在

——"5G浪潮下短视频及下沉市场是风口"圆桌论坛实录

主题：5G浪潮下短视频及下沉市场是风口

时间：2019年11月

地点：中国·广州

论坛主持人：谢绫丹（蓝莓会秘书长）

论坛参加人：文静（头条易COO、资深媒体人）

白静玉（中国气象局华风气象传媒集团媒体资源运营中心主任）

于林（大林天地CEO）

王洁明（TOTWOO智能首饰创始人）

蓝莓会圆桌论坛发言现场

实录内容：

圆桌论坛现场白静玉关于"5G 时代下行业发生的转变"的发言：

谢绫丹（主持人）：特别问一下白主任，我们讲新技术，现在新技术带动整个气象变化，那么由新技术给气候变化带来了什么？气候变化与企业和消费者之间有怎样的关系？会带来什么变化？

白静玉：天气可以说是无处不在的，像空气一样天天跟大家生活在一起。中国气象局在 5G 时代做什么？中国气象局一直是新技术、新领域中的排头兵，可能大家不是特别了解，因为它是一个科研部门，但实际在 5G 技术上我们已经开展了非常多的研究和应用，包括短视频、音频，因为这个时代允许碎片化的传播，而气象是最适合碎片化传播的一种内容，因为它是完全可以区分男女老少、区分地域，做到精准化和碎片化的，也是最适合经大数据分析之后精准推送的。

气候变化大的背景下跟消费者有什么关系？大家说全球气候变暖了是不是？那波司登的羽绒服卖不出去了？其实不是，气候变暖的讨论下所有人的适应性在变差，虽然我们感觉这个冬天不太冷，但突然有那么几天是冷的，你会穿比以前更厚的羽绒服，这就是适应性的问题。以此类推，对于所有人的消费来说，到底什么在促进消费？不管是人的虚荣心也好，还是精神上的需求也好，实际上只有天气促进了消费的需求，这是不可逆的也是不可变的。

谢绫丹（主持人）：白主任的分享让我想起两件事情：第一件，天时地利人和，首先是天时，每个人都处在气候环境里，消费者会随着气候改变，包括消费需求；第二件，在今年的国庆期间，可以看到抖音上播放了大量的解放军视频，这的确是技术赋能的趋势。

关于"气象赋能企业合作"的相关发言：

谢绫丹（主持人）：回到白主任这边，除了波司登以外，你们在与企业合作时，能够提供什么样的更好体验，或者更好的产品技术？

白静玉：除了你刚才讲的珠宝是没有关系的，好像任何一个行业都跟气候有关系。比如广东的榄菊，我们跟薛总聊，我们就说蚊子是受温度、湿度共同影响的，26 摄氏度是蚊子张口温度，低于 26 摄氏度，蚊子就不张嘴了，所以到了白露蚊子就蹬腿。物候跟所有生物都有关系，榄菊做的这几款产品，刚好是跟这些生物息息相关的，你出现我就要杀掉你。我们的技术升级方面主要是对生物的研究，结合榄菊的产品，我们有一个联合的实验室来共同研究，在什么样的温度、湿度，包括压力的条件下对这些生物的影响，榄菊会根据我们提供的数据再去提升和研发他们的产品，以适用不同的地区。现在北京没有蚊子了，但广州还有蚊子。

所以，技术的升级一是促进产品深度的研发，二是促进产品在不同地区销售的决策，甚至在销售和物流的环节中还可以做后评估，这都是天气对企业非常智能化的赋能。未来跟其他的行业我们也展开了特别多的合作，后面也希望有兴趣的朋友可以一块来研究，共同来赋能。

下一位嘉宾，请发言！

——中国天气·二十四节气研究院揭牌仪式专家及企业代表采访汇编

时间：2019 年 9 月 17 日

地点：中国·北京

受访者：金定海（上海师范大学人文与传播学院教授、博士生导师）

金国强（中国广播电视社会组织联合会广播电视产业发展委员会专家组组长）

穆虹（广告人文化集团有限公司总裁）

田涛（中国广告协会发布者委员会秘书长）

初志恒（鲁花集团首席品牌官）

林如海（碧生源控股有限公司副总裁）

蔡英元（时任探路者集团副总裁）

王志昊（海南快克药业有限公司总经理）

沈华（时任众成就娱乐传媒有限公司高级副总裁）

宋长镇（盼盼食品集团董事长助理）

采访实录：

一、您对中国天气·二十四节气研究院的成立和传播应用前景有什么看法？

金定海：我特别看好这个前景。首先二十四节气是具有生活形态意义的概念，我们的历史、文化、社会都在教育我们中国人是有节气观的。这个节气观实际也是个时间节点，到了一定的时间节点应该做什么事情。而在这些方面实际上可接通万事万物，所以刚才在圆桌（论坛）的时候我说了一句话，就是说节气包括的是方方面面的东西，它和衣食住行都有关系。我说天气是一般的时间形式，节气是特殊的时间形式，特殊在它的文化性、地域性、民俗性、传统性方面，我们去挖掘、去思考这些概念，并与现在的生活形态结合起来，这是一个非常有想象空间的一个话题、一个 IP。

金国强：很高兴见证它的成立，因为前半年就听说有二十四节气研发项目，成立研究院确实是件好事。因为二十四节气概念在人们心目中都有，但是很肤浅，也是口口相传下来像故事一样。但这次成立研究院我觉得是一种文化深挖，是中国传统文化的一个瑰宝。相关的故事会有很多，从收视上、从传播上来说都有很大的价值，所以我认为它的前景很好，我非常看好这件事情。

穆虹：研究二十四节气其实也是研究中国文化，同时也是研究品牌产品和二十四节气之间的这种连接、关联，关于节气对品牌和产品的成长的影响会提出很多深刻的分析和依据。这次也邀请了很多的专家、学者，我还是首次看到有人对中国的节气做这么深度的剖析和研究。那么它的意义，一方面体现在文化的层面上，另一方面体现在品牌的层面上。

田涛：二十四节气是既具有非常深远的文化价值、历史价值，又和消费者生活非常贴近的这样一个 IP，这个 IP 在未来的产品营销中会有非常大的、非常深厚的一个基础。随着时间的推移及知识的积累，这样的一个具有历史文化内涵、与生活消费距离很近的 IP 会越来越有营销价值。

二十四节气研究院会深入地挖掘二十四节气 IP 的传播价值、历史价值、文化价值及其应用于消费者生活的方方面面，从而推动整个中国文化的传播，推动中国品牌的传播，只有民族的才是世界的。

我想未来在品牌的传播过程中如果我们可以融入历史的内容，融入节气的文化，这对于中国民族品牌的成长，对于中国品牌走向世界都是有很大推动作用的。

初志恒：二十四节气研究院的成立颠覆了我之前对二十四节气的那种感知和认识。以前只是说节气和生活息息相关，但是你根本没有从文化学、气象学、地理学、环境学、农学方面深入研究。二十四节气跟我们的生活关系这么紧密，今天通过研究院的揭牌仪式了解了哲学、文学、汉字学，我觉得太深奥了，而且触动了我参加这个研究院的好多想法，我觉得可能未来几年、几十年，或者说一生都要在这二十四节气里生活，共赢、共存、共发展。

林如海：中国的二十四节气是一个非常庞大的文化体系，传播的方向和它的研究方向会非常多。比如我们企业是做茶的，像明前茶、雨前茶，它都跟节气有关，我觉得它不但是中国传统的智慧，而且在以后的应用和经营中也会给人特别大的启发。

蔡英元：中国人一直把黄道视为判断吉祥的一个标志，实际上二十四节气就是把这 360 度的黄道分成了二十四份，从而证明节气是与中国人的生活息息相关的。二十四节气研究院的成立对我们企业也是一个好的契机，非常高兴，祝贺。

王志昊：我觉得这是一个非常好的项目，也是一个非常能够植根老百姓心中的项目。无论是我们的农业、工业生产环节，还是老百姓、大众，都能够在这个过程中了解和掌握在这个节气我要做什么，这是一个造福后代、功德无量的事情。

沈华：这正是我们所要寻找的一个独特性的传播资源。这个独特性在于中国气象它本身具有国家高度、国家权威，并且在这个方面长期积累了大量专业的一些资源和数据。所以从稀缺性和独有性上来看，二十四节气的传播应用其实有一个广泛的基础，这是我们从行业来看的。当然从社会价值来看，我们也特别认可二十四节气研究院的成立，因为二十四节气是中国人几千年理解自然和开展生产生活很重要的一个载体，这样的文化和生活的载体是我们需要大力去弘扬的。不管现在社会发展到什么程度，这样的生活性元素其实是真正能够打动消费者，然后能够深入用户的每一天生活里面去的，从这个角度来看，它有很强的社会性价值。我们看到这些年来，二十四节气自从成为非物质文化遗产后，获得了很多的社会关注，但是对它深度的这种研究以及和日常生活更紧密结合的应用很少。所以说在天气领域，或者说由中国气象局牵头，然后用各种方式来推动它的基础研究以及它的应用研究是特别有价值的。

宋长镇：我觉得这是对优秀的中华民族传统文化巨大的推动和发扬，这一领域应该是极具价值的，并且对我们整个民族文化的传播也将起到积极的推动作用。

二、您对"中国天气"气象媒体在企业品牌传播中的价值和作用有什么看法？

金定海：很多品牌连带着它的产品是有季节性和时令性的，我们应该考虑到自然节奏的变化所带来的时令对品牌的重要性，时机就是品牌需求。我感觉有两个作用：一个是命名的作用，在这个时间节点当中，把某些品牌引进，它就有命名的作用；另一个就是提醒的作用，告诉你这个时令到了，这个节点到了，我们应该做这样的消费安排，所以从这个角度来讲企业有很有这方面的需求，因为在特定的季节，相关零售的很多阵地、很多渠道都会有很多表达，当然也希望在时节提醒当中有所表现、有所传播。

金国强：企业利用这个故事，利用不同季节的故事内容，能有效地把企业的品牌、企业的产品融入进去，将二十四节气的文化融入进去，那么这个收视就有很好的效果，这个传播也有很好的效果，我觉得给企业也办了一件很大的好事。

穆虹："中国天气"在广告主的心里是一个非常头部的媒体，站位很高，而且非常具有权威性，有很高的信誉；同时它也是一个大众传播非常强的媒体，特别是在今天媒体碎片化的环境里。广告主也非常需要寻找到这种聚焦度很高、覆盖性很强的媒体，那么无疑说"中国天气"就是一个非常好的选择。

田涛：它是最有效的一个价值媒体。在整个的品牌传播过程中，品牌不能成为一个说教者，不能高高在上，它要近距离地贴近消费者，要成为消费者的伙伴，要成为消费者生活中的一员，毫无疑问天气是最佳选择。我们生活的

360度所有空间、所有事情都和天气有关，我们的身体、我们的精神状态、我们的出行、我们的父母、我们的家庭、我们的购物都和天气有关，所以整个天气资讯作为品牌传播过程中的重要一环，会有效地来帮助品牌成长，帮助品牌走向消费者的心智，使消费者对这个品牌产生好感，进而消费和使用这个品牌。

沈华：二十四节气其实是可以在每一天，和中国各个区域的地方化消费者实现真正的情感式的沟通，我们在这么多年对品牌传播的研究中发现，这种情感式的沟通或者生活方式的沟通是未来特别大的一个方向。它帮助品牌真正去深入消费者的心智，在生活方式的层面跟每个消费者深度结合，能够真正地打动消费者，然后实现消费者和品牌之间情感的共鸣和持续的这种关系。二十四节气的独特性可以为我们的品牌提供一个很大的创新空间，所以也期待后续我们能够有更好、更多的合作。

三、请各位企业代表谈谈未来有哪些合作需求？

初志恒：我觉得"节气"研究的发展前景很广阔，研究院的成立触发了我通过这个季节去研究品牌，研究品牌跟二十四节气的融合。而且我们通过二十四节气的每一个区间，都可以找到品牌的诉求、需求和传播。

林如海："中国天气"目前的矩阵平台和媒体平台，还有它的传播内容，我想很多企业都可以参与。然后就是"二十四节气研究院"这个文化IP。这个研究院做的很重要的一个工作就是研究加输出，输出我们的文化，在传统的基础上有一个现在的应用，我觉得这个对我们企业来说启发是最大的，而且这个平台跟我们品牌非常契合。

蔡英元：合作是多维度的，层次也可以由浅入深，还是让人感觉到前景是非常光明的。

王志昊：希望把这个IP打造好，实实在在地做下去，真的做成一件有意义的事情。期待今后快客感冒和节气有深入的合作。

宋长镇：二十四节气这种文化和中国美食文化有很深的结合点，我觉得发扬美食文化和节气文化是有很多可结合之处的。未来我们可以生产出一些与二十四节气相关的产品，一起来推动我们中华民族传统文化的发扬光大。

王志昊：希望把这个 IP 打造好，实实在在地做下去，真的做成一件有意义的事情。期待今后快客感冒和节气有深入的合作。

天街小雨润如酥

第六章 "中国天气"助力政府生态建设、农业发展

提到"品牌"这个词，大多数人都认为这是企业的代名词。其实不然，政府也是需要的。政府的品牌推广可以影响大众认知城市、了解区域特色，甚至是政府理念。

城市品牌是一座城市最大的不动产，也是最持久的、最核心的、最难以替代和模仿的竞争优势，所以扮演着城市品牌规划者和建设者的政府的作用越来越关键。

绍兴城市形象亮相 CCTV《新闻联播》后《天气预报》

政府需要通过实施品牌战略，实现城市经济增长方式的转变，促进城市周边区域资源的优化配置，促进城市产业结构优化和产业升级，让城市在全国经济竞争中占有优势，从而提升政府品牌形象，促进服务型政府建设。

三个契合点

我们所处的生存环境离不开气象，我们生产加工的农产品离不开气象，衡量生态环境好坏的硬性指标更离不开气象。"中国天气"与政府合作既有天然的契合性，又有品牌上的默契度。

1. 品牌目标一致

"中国天气"品牌建立的初衷是对接和服务国家战略、百姓福祉，具有公益和市场的双重属性。从衣食住行到安全健康，"中国天气"不断回应人民的心愿和期盼，以优质气象服务成果普惠百姓。

CCTV《新闻联播》后《天气预报》始终坚持"第一时间 权威发布"的平台定位

与民生有关、与民心有关的问题也是各级政府最关心的问题。只有立足百姓生活，才能服务百姓，建立城市品牌好口碑，获得更多认可。

所以，政府构建服务民生的品牌形象、做有竞争力的公益品牌，与"中国天气"的目标是一致的。

2. 气象学科优势

近年来，"中国天气"致力于将气象工作融入国家战略、经济社会发展的有益探索中，利用气候数据开发"中国天然氧吧""中国气候好产品"等多项品牌项目。

2020 年，云南省红河哈尼族彝族自治州，
"中国天然氧吧"创建发布会顺利召开

"中国天气"还具备调动系统内部气候监测、数据等多方面资源的能力，配合当地政府产业发展需求，提供个性化、精细化的气象服务。

立志依托良好生态、发展绿色经济的地区，借助"中国天气"气象学科优势，凸显当地气候价值、生态价值，提升城市品牌影响力，用"无形的手"保障政府特色产业发展。

3. 品牌媒体的宣传能力

要做城市品牌，就要借助品牌媒体。"中国天气"能够为各省、区、市的品牌建设提供线上线下联动整合的传播服务，通过匹配优质资源，支持各级政府展现城市风貌，讲好城市故事，传递各级政府的产业政策和特色产品，打造亮点工程、品牌形象。

综上所述，生态与农业是"中国天气"与政府构建品牌的最佳契合点。"中国天气"将永葆初心，与政府一道，让百姓感受到满满的获得感、幸福感和安全感，最终实现"1+1>2"的品牌效果。

打好"宣传+消费"的组合拳

2020年"中国天气"打造的"生态金名片"一经推出广受好评，一整套融媒体传播服务方案被认为是各级政府塑造城市形象和提高服务型政府公益形象的最佳选择。之所以有这样的评价，是因为"中国天气"充分了解市场，抓住了各级政府的宣传需求与痛点。

通过与各地方政府的走访交流我们发现，政府的关注点多集中在平台、触达、拉动经济增长这三个方面。

首先是平台的选择。面对五花八门纷至沓来的媒体平台，究竟该选择什么类型的平台展示政府公益性、公信力、服务型的形象？无疑这些要求在新兴的自媒体平台上是不能满足的，平台一定要同时具备高影响力、高覆盖率和高传播力等特点，这就把范围缩小到国家级媒体平台。那下一个问题就是该如何选择栏目。在众多硬性指标中，最能证明生态价值的是气候数据，但能同时满足天气气候与传播价值的栏目，就只有CCTV《新闻联播》后《天气预报》。《天气预报》栏目，全天34档节目不间断播出，是央视唯一一档"全天候、全时段、全覆盖、高收视"的栏目，处于各个时段的收视峰值，收视率与市场份额十余年领先其他栏目。

其次是要接地气，能直接触达公众。权威媒体因其权威性，与观众不免有些距离感，虽然央级媒体尝试丰富内容、增加互动，但仍需要与新媒体搭配资源，互补传播特性。如何让传统媒体与新媒体"打好配合"，借助大声量、高覆盖、全媒体的传播矩阵，形成发酵性、扩散性、口碑式的传播效应，是各级政府亟待解决的难题。截至目前，"中国天气"新媒体矩阵的粉丝总数近600万，服务人次超148亿，再结合"中国天气"品牌旗下的电视、网站和自媒体矩阵，已形成一张服务全国14亿公众的大网，覆盖之广、传播之快、扩散之强，可谓是金字塔塔尖的资源配置。以2020年首个登陆我国的台风"鹦鹉"为例，网络直播2小时就创造了1.6亿的总浏览量，这种量级的话题关注度和互动量是其他媒体很难超越的。

最后要落到实处，切实帮助政府拉动地方经济增长。"十四五"规划强调要进一步推动文化和旅游融合发展，这为文化旅游产业的发展指明了方向、规划了蓝图，带来了前所未有的机遇。创新媒体玩法，挖掘地方特色文旅项目和特色农产品，打好"宣传+消费"组合拳，才是行之有效的宣传方式。

2020年聚焦台风"鹦鹉"的网络直播

CCTV《新闻联播》后《天气预报》城市景观窗口：
贵州兴义——打造西南文旅宜居典范

　　针对以上政府的需求与痛点，我们制定了"一个目标、两个路径、三个方面"的全体系融媒体传播服务方案。通过"最有高度的权威平台、最广覆盖的全媒体服务"两个路径，从"城市生态、文化旅游、节气农品"三个方向出发，从而助力地方政府实现打造享誉全国的"生态金名片"目标。

"做"得实，宣得"正"

1. 打造享誉全国的省级"生态金名片"城市范例

　　选择央级媒体里的顶级资源，等于占领了宣传高地。CCTV-1综合频道、CCTV-13新闻频道是位居央视收视排名前两位的频道，CCTV-4中文国际频道是央视唯一面向全球播出的中文频道。因此，"CCTV-1+CCTV-13+CCTV-4"的资源组合为地方政府提供了最具传播价值的生态宣传阵地。CTR数据显示，2020年上半年，CCTV-1综合频道收视率增长8%，CCTV-13新闻频道收视率增幅超过92%，较上年同期收视几乎翻番，CCTV-4中文国际频道收视率增长 16.6%。

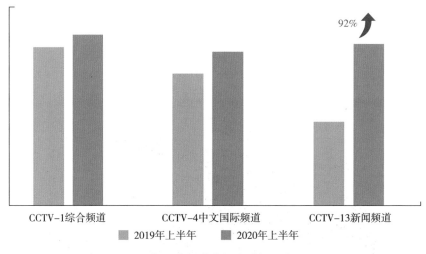

2019年上半年　　2020年上半年

2020 年三大频道收视率增幅示意图

资料来源：CTR。

2020 年上半年，CCTV《新闻联播》后《天气预报》节目累计到达人口 7.03 亿。从人群结构分析来看，节目观众分布突破圈层限制，中心城市 18 ~ 29 岁青年观众收视增长 53%，35 ~ 54 岁人群比例达到 33.7%。对比整个电视收看人群的比例，CCTV《新闻联播》后《天气预报》节目具有更强的集中度，节目观众年轻化、高知化趋势明显。

收视率9.74%、收视份额35.52%　　收视率4.90%、收视份额16.06%　　收视率3.22%、收视份额10.20%

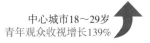 

中心城市18~29岁青年观众收视增长139%　　中心城市18~29岁青年观众收视增长53%　　中心城市18~29岁青年观众收视增长56%

青年观众收视增长百分比数据分析

改版之后的《新闻联播》后《天气预报》，在城市预报版面进行了重大升级。其中升级亮点之一，就是右上角增加了中小城市预报窗口。这个窗口的开设，为全国中小城市在央视联播黄金时段进行宣传提供了可能，也可以更加精准地在央视媒体平台上展示各地级市的生态形象。

CCTV《新闻联播》后《天气预报》增加地级市预报窗口

CCTV-4中文国际频道是央视唯一面向全球播出的中文频道，也是全球覆盖最广泛的中文电视频道，覆盖全球121个国家和地区，服务全球华人，能够全景展示各省市生态资源，是最具国际化特点的城市宣传平台。

根据CSM收视数据，2020年1~7月，CCTV-4中文国际频道观众规模达10.31亿，相比2019年1~7月的10.29亿，观众增量主要来自年轻人群和高学历人群。从全天收视情况来看，CCTV-4中文国际频道全天各时段收视率上涨，其中，午间、傍晚和黄金时段均提升30%以上。《中国新闻天气预报》节目被安排在CCTV-4标志性新闻节目品牌《中国新闻》栏目内，处于晚间黄金时间、午间收视双高峰，人气指数和节目忠诚度高。

除了让"生态金名片"通过央视媒体享誉国内外，城市发展的视野还要放眼全球，地域文化要走出国门。凤凰卫视是华语媒体中最有影响力的媒体之一，也是最先获得中国内地落地权的香港电视媒体之一。

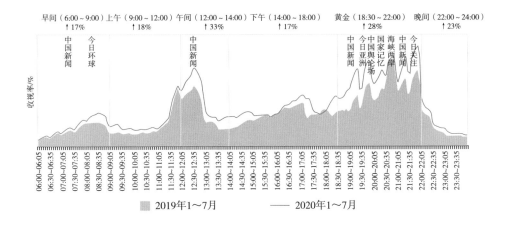

早间（6:00～9:00） 上午（9:00～12:00） 午间（12:00～14:00） 下午（14:00～18:00） 黄金（18:30～22:00） 晚间（22:00～24:00）
↑17% ↑18% ↑33% ↑17% ↑28% ↑23%

中国新闻 今日环球 中国新闻 中国新闻 今日亚洲 国家记忆 中国舆论场 海峡两岸 中国新闻 今日关注

■ 2019年1～7月　　　—— 2020年1～7月

2019 年 1～7 月和 2020 年 1～7 月 CCTV-4 中文国际频道全天收视情况

资料来源：CSM。

　　2020 年，凤凰卫视上线两档创新型节目——《天时美景》和《晨味时节》，名如其实，这是两档与特色美景、旅游、美食相关的天气预报类节目。《天时美景》通过挖掘两岸三地最具代表性的"天时美景"，展示城市生态环境，通过国际化平台吸引全球视野；《晨味时节》则聚焦于不同时节的应季食物与养生膳食，用"最新鲜"的天气唤醒你的胃口。

凤凰卫视《天时美景》节目画面

凤凰卫视《晨味时节》节目画面

2. "中国天气" 助力各级政府打造 "文旅 IP"

提到文化旅游，政府在选择央视平台时通常会有两点困惑：一是登陆央视平台的宣传费用过高；二是如何评估宣传效果。硬广的投放或许可以帮助城市树立一句响亮的口号，加深城市印象，但仅凭 "一句话"，又如何深挖城市背后的旅游资源与文化故事？

"中国天气" 品牌可以帮助政府解决这个难题。"中国天气" 根据国家一系列的宣传导向与宣传案例，为地方政府提供最匹配的资源平台，应时而动，通过最高声量的国家级媒体平台，打造城市 "文旅 IP"，利用新媒体矩阵，达到与公众实时互动、加乘传播的效果。

2021 年立冬，"二十四节气之旅" 首发亮相。作为第一站，绍兴立冬站由 "节气萌主" 宋英杰老师带队，徐丛林、孙凡迪、孔德俏三位 "萌新" 组成的 "节气天团"，坐镇北京，以云直播的方式连线绍兴外景，与网友一同走进绍兴，感受绍兴。整个活动以 "立冬节气" 为切入点，内容涵盖历史人文、美食风味、黄酒酿造、河道古城、民俗传承、节气风物六个方面，凸显 "节气" 与 "文化" 的交织与平衡，展开绍兴文化生态旅游的 "版图"。"中国天气" 与绍兴政府共同为推进节气城市品牌建设，为持续擦亮绍兴 "历史文化名城" 和 "东亚文化之都" 两张金名片贡献了一场视觉盛宴。

2021 年立冬节气"二十四节气之旅"绍兴站活动海报

3. 下沉县级政府　打造强县"生态时令农品"

针对县级政府，"生态时令农品"是"中国天气"品牌的一张宣传王牌。农产品与天气天然相依，只有抓住"生态"和"时令"这两个最牵动消费者心理的敏感点，触碰到城市人群普遍吃不到新鲜和安全农产品的消费点，以气象科学数据为基础，才能彻底打赢食品安全战，让消费者放心。

政府选定的农特产品通过"中国天气"下沉到农业农村频道的同时，也立足城市频道进行宣传，大屏、小屏全覆盖，让服务与活动达到立体式的传播效果。

在大屏端，重点推出"CCTV-2+CCTV-17"的组合宣传资源，帮助县级政府有效提升农产品的市场价值，让特色农产品走进大城市，端上百姓饭桌。CCTV-2 财经频道所落地的城市和高端人群与农产品的目标消费群体高度契合，每天早上 7：00 和 8：55《第一时间　第一印象》两档节目的播出时间也是早间收视率最高的时段，是展示绿色、健康农产品形象的最佳频道。CCTV-17 农业农村频道的宣传实力也不容小觑。自 2019 年频道独立播出至今，其收视率已远远超过了 CCTV-7 国防军事频道，即将赶超北京卫视，是服务"三农"、助力脱贫，覆盖 9 亿农业农村用户的宣传平台。全天 5 档《农业气象》节目可以帮助县级政府打造具有节气特色的农特产品，强力循环播出，把"应季而生，应季而食"的"节气农品"故事讲给全国人民听。

CCTV-2 财经频道《第一时间　第一印象》节目画面

CCTV-17 农业农村频道《农业气象》节目画面

在小屏端，"中国天气"将以节气为单位，发起各区域的"节气农品"评选活动，将全国各地最具代表性的"节气农品"，以科普地图的形式进行季节性推荐，实现实时跳转电商平台，让农品"圈粉"，为"扶贫"助力。同时，

2020 年央视《天气预报》的主持人在公益活动领域也做了很多全新的尝试，通过线上连麦县域、助农直播宣推等形式，助力中国气候好产品。

在线下，好气候背书好农品，从气候的角度讲述农品故事，"中国天气"还能够为"中国天然氧吧"称号城市、县域特色农业品牌提供多元化的活动与服务。比如，针对获得"中国天然氧吧"称号的城市，挖掘具有地方特色的农特产品；拟邀"中国天气"品牌旗下的专业摄制团队，为县域量身打造生态公益的宣传片；邀请地方政府深度参与中国气象局的大型 IP 活动——"绿镜头·发现中国"等等。

当好"三农"守护者

"生态时令农品"既然已经成为"生态金名片"的一部分，为什么还要单独将农业部分分割出来重点宣传和服务？这与国家战略、天气与农业的关系、气候条件硬性指标等方面密不可分。农业作为"攻坚扶贫""乡村振兴"的突破口，是政府工作的重中之重，无论是"看天吃饭"还是"知天而作"，天气条件始终是最重要的影响因素之一。

曾有一篇文章写道，"提起袁隆平，大多数人都对这个名字充满崇拜之情，认为他是时代的偶像，是教科书里了不起的人物。但在孙女眼里，却认为爷爷是看天气预报的。"

1. 农业是实现国家战略的关键

农业是国民经济的基础。2004 ~ 2020 年我国连续 17 年发布以"三农"（农业、农村、农民）为主题的中央一号文件，强调了"三农"问题在中国社会主义现代化时期"重中之重"的地位。目前农业仍是中国经济发展的薄弱环节，对农业产业的扶贫是 2020 年打赢脱贫攻坚战的核心内容，由"输血"救济到"造血"自救，离不开各方面的帮助，包括气象的支持。

"中国天气"始终与国家战略"同频共振",站在品牌媒体的角度,积极推动农业品牌的建设,用学科优势为农品背书,用创意表达扩大影响,助力当地政府打造"农字科"招牌。

2. 气象数据撑起农特产品"品牌梦"

作为"杂交水稻之父",袁隆平需要也必须时时刻刻关注天气预报。可以说,农业是对气象条件最为敏感和依赖性最强的产业,也是最能直接反映农特产品的"基因密码"。

农特产品的推广不是一句简单的广告语和两三张图片就能说服消费者产生购买行为的。"香甜多汁""美味可口"这些形容词都带有强烈的主观判断,在荧幕上单纯展示制作、吃喝的过程,是缺少权威支撑的。

大叶茼蒿 最适宜储存温度0℃

CCTV-17 农业农村频道《农业气象》提供农产品所需的气象服务

"中国天气"则不同,它能为农产品配备气象数据库、专家分析团队,收集整理所在地气象条件中的光、温、水、气等基本要素,直接明了地展示当年的气候条件,通过温差数据分析甜度,通过日照数据研究果蔬颜色,通过雨水数据考察汁水饱和度,等等。

3. 天气传播化解农特产品品牌同质化问题

同一种农产品如何在市场竞争中获得关注,一方面需要当地政府下定决心推向市场,接受考验;另一方面需要寻找当地地域特色、气候特色,树立独一无二的标识，通过差异化的传播得到消费者认可。

特色农业产品主要表现为地域特色，尤其是要突出气候要素。独特的气候条件不仅为农产品增加亮点，还可以通过气候差、季节差获得市场空间。

CCTV-2 财经频道《第一时间 第一印象》栏目展示地域农特产品

农特产品如何在抓住气候特点后扩大影响力是"中国天气"品牌能做的，也是擅长做的。消费者对于天气媒体提供的气象服务是信服的，再利用"中国天气"全媒体矩阵推广农特产品，让权威背书与超强传播双双发力。

农产品闯市场的"金字招牌"

2020 年是全面建成小康社会目标实现之年，也是全面打赢脱贫攻坚战收官之年。这一年"中国天气"在策划、内容、新媒体等多领域进行了探索，为农特产品提供了宣传平台，也与地方政府携手共同创造了市场价值。

1. "大丰收 共致富——'脱贫致富'优秀乡镇展播计划"方案
该策划于 2020 年 5 月启动，营销时间锁定为当年秋分节气的"中国农民丰收节"。该策划以弘扬节气、农耕、民俗文化，激发广大农民投身乡村振兴为前提，通过展示脱贫成果，推介特色产品，让脱贫攻坚成果经得起检验。

此方案集结了央视《天气预报》栏目、新闻资讯短片、央广连线访谈、新媒体宣发、线下活动五种资源。央视《天气预报》栏目是采用"CCTV《新闻联播》后《天气预报》+CCTV-17农业农村频道《农业气象》"组合方式，王牌CCTV《新闻联播》后《天气预报》处于全天收视高位，以2020年1月24日为例，当天栏目并机平均收视率为12.24%，市场份额为34.15%，较上年同期分别增长了214%、169%。CCTV-17农业农村频道《农业气象》全天排播5次，并有硬版广告、节目口播、城市动态贴片、城市静态贴片多种形式，覆盖早、中、晚全天候栏目时段。

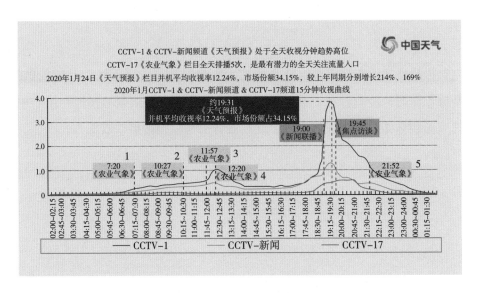

CCTV-17农业农村频道《农业气象》覆盖早、中、晚全天

资料来源：CSM，29省网，4+，2020年1月。

CCTV-17 农业农村频道《农业气象》广告形式多样

通过新闻短视频与主持人演播室连线、动画展示等多种形式，解读农业气象服务中的科技。短视频同步在央视频道、"中国天气"媒体矩阵传播。

广播资源也匹配了中央人民广播电台中国乡村之声的《农业天气》4 档常规预报节目和 1 档丰收节专题节目，通过演播室访谈、演播室连线，对农事活动进行指导。

线上以"中国天气"媒体矩阵为主要阵地，设计定制政府农特产品的趣味指数地图，利用"天气精选"商城，在快手、淘宝平台上直播推荐农特产品。

线下通过中国气象局大型 IP"绿镜头·发现中国"活动，联合中央、地方和社会媒体实地走访、报道和召开媒体发布会，突出气候独特资源，助推区域农特产品品牌。

2. 产品软文推广

公众号软文推广已成为排在央视平台之后的第二大宣传工具。CCTV《新闻联播》后《天气预报》官方微信公众号"环球气象"主打二十四节气科普，依靠节气知识圈层《天气预报》的忠实粉丝，形成"中国天气"的流量池。

2020 年 9 月 22 日（秋分节气），结合秋季干燥、入秋进程等传播点，"环球气象"微信公众号为辽宁鞍山的海城南果梨定制了特别策划，宣传稿件单篇阅读量近 8 万。2020 年 12 月 7 日（大雪节气），将"冬天进补，开春打虎"

的大雪饮食习俗与青海牦牛肉进行了深度结合，突出牦牛生长的气候环境和优质生态，阅读量超 8 万。不少网友纷纷表示需要购买链接，这为销售转化埋下了种子。

"海城南果梨"和"青海牦牛肉"定制微信软文

3. 线上直播营销

2020 年"中国天气"组织了多场直播带货，致力助农扶贫，帮助政府、农户、养殖户，在直播平台上实现农特产品品牌推广与销售，进一步实现"授人以渔"新模式。

2020 年 6 月 18 日上午 9:50，"中国天气"主播冯殊准时出现在"中国天气"快手官方号的直播间，向网友推荐"中国气候好产品"巫山脆李，并异地连麦时任中共巫山县委常委徐海波，共同推介脆李，持续一个半小时的直播活动吸引了 84.9 万人次的观看，同时在线人数峰值达到 2.2 万。

2020 年 3 月 19 日，"中国天气"联合中国扶贫基金会及其下属产业扶贫社会企业善品公社，第一财经、凤凰网公益、新浪微公益等多家媒体单位共同参与，对四川雅安石棉县气候特色农产品黄果柑进行新闻报道、网络推广、明星倡导、电商售卖等。本次活动，中国天气"天气精选"商城销售了雅安气候特色农产品黄果柑 50000+斤。

"中国天气"助农扶农主题直播带货

除此之外，2020 年 9 月 14 日，由"中国天气"联合中国农业银行北京分行举办的"草原有好货——扶贫助农　共建美好"直播带货活动，从敖汉小米到草原牛羊肉礼盒，从沙棘汁、杏仁露到牛板筋、牛肉干，从草原盐水鸭到燕麦大礼包，从牛肉香菇酱到草原牛奶条等，直播观看量高达 80.2 万，直播当晚下单量 25000 余组，下单金额 207 万元。2020 年 11 月 14 日"中国天气精选世界粮食日专场公益直播"帮助了包括中国扶贫基金会善品公社及湖北、新疆、青海、黑龙江、四川等地销售扶贫农副产品，累计引导成交额突破百万元。

"中国天气"不同主题直播专场

未来，"中国天气"将继续探索直播带货新模式，通过节气、区域、公益等不同主题来带动消费扶贫，助力乡村振兴，构建农特产品品牌。

第七章　致力公益　"中国天气"彰显社会责任感

"新闻报道要讲导向，广告宣传也要讲导向"

2016年2月19日，习近平总书记在党的新闻舆论工作座谈会上明确提出"新闻报道要讲导向，副刊、专题节目、广告宣传也要讲导向"。这是中央首次将广告划归为与新闻报道、专题节目相并列的新闻舆论宣传方式。这对于广告业，尤其是公益广告的发展，具有极其重要的意义。公益广告有助于彰显企业的社会责任和担当，让消费者在接受公益理念的同时潜移默化地加强对企业的了解，在无形中影响消费者品牌选择的倾向性，对于品牌建设具有极大助力。

从2016年开始，央视就重点创作18个公益广告主题方向，并宣告公益广告社会合作模式的全面启动。央视作为国家媒体，始终大力推动公益广告工作，引领新风尚，传递正能量，打造公益传播的至高平台。近年来，推出了一批大众喜闻乐见的公益广告，感染、打动、启迪了亿万观众。

作为我国公共气象服务的权威品牌，自推出以来，"中国天气"不仅是我国公共气象服务的权威品牌，也是汇聚和承载气象部门优质服务技术产品的重要平台，还是中国气象局面向社会各行业和领域开展服务的重要资源，是促进气象事业融合与创新发展的重要阵地。"中国天气"品牌具有公益与市场的双重属性，既是我国气象部门开展公众气象服务的重要支撑，也是推动我国气象服务市场发展的重要保障。

我在，责任在！

自推出以来，"中国天气"品牌拥有电视、网络、广播、移动媒体等多种媒体形态。气象产品资源丰富，传播渠道广泛，采用合作的方式一直占据中央广播电视总台各频道、频率的黄金时段，并积极开展创新，为大众提供及时有效的气象信息服务，拥有近8亿固定电视收视人群以及455万网络粉丝群。作为具备这样庞大传播能力的媒体矩阵，坚守主流媒体价值传播是"中国天气"一直秉承的原则。

1. 做好舆论引导，传播主流价值

重大主题报道是以党和政府的重大战略思想和重要决策部署为主题，集中、连续开展的重大宣传报道活动。国家级媒体在其中的定位，是突出和明确政治主张的核心精神，强化公众的政治参与，可以从重大主题和舆情危机的报道上着力，借助多种渠道，创新报道形式，有效传播权威、准确的声音。

2. 体现人文关怀，提供价值服务

国家级媒体的社会地位与影响力来自受众的认同，借助在信源获取上的优势，能够提供更加权威、准确的信息，在一定程度上可以促进个人和社会的和谐发展。

3. 讲好中国故事，履行文化责任

从国际传播格局来看，国家级媒体的社会责任还表现在对外传播层面上。

在国家经济实力和影响力不断拓展的时代背景下，媒体对于重塑国家形象和重构国际话语秩序有着重要作用。党的十九大报告指出，"要讲好中国故事，展现真实、立体、全面的中国，提高国家文化软实力"。展形象，就是要推进国际传播能力建设，讲好中国故事、传播好中国声音，向世界展现真实、立体、全面的中国，提高国家文化软实力和中华文化影响力。

不忘初心，唱响中华人民共和国成立 70 周年主旋律

2019 年，庆祝中华人民共和国成立 70 周年主题宣传教育活动陆续开展，为探索公益广告助力企业品牌营销新途径，华风集团作为气象行业龙头媒体、"中国天气"品牌的运营者和推广者，积极参与该活动。"中国天气"更以公益为核心，以创意为载体，打造具有气象特色的公益宣传片并播出推广，进一步扩大华风的社会影响力，对"中国天气"的品牌效应也是极大的推动和促进。

1. 积极参与，多方努力克服技术困难

（1）4 月底，参加国家广电总局宣传片创作研讨会，了解总局对于宣传片选题、创作的各项要求。

（2）5 月初，参加公益广告创意课题研究班，观摩公益广告精品，学习创意策划思路；多次与相关专家就气象公益广告的主题、具体内容进行探讨。

（3）6 月初，多次调整后，形成宣传片策划框架；同步与个别地方政府对内容合作进行沟通，得到积极反馈。

（4）7 月初，多次修改调整，最终确定主题并撰写脚本；同步面向全国，协调对接参与单位，开始拍摄相关素材。

（5）8~9 月，进行后期剪辑合成工作。

（6）9 月中旬，完成 90 秒电视公益宣传片一部，60 秒城市宣传片二部，3

分钟企业宣传片三部，同步进行新媒体二次传播。

2. 时间紧迫，高效完成品牌宣传

（1）完成 90 秒电视公益宣传片一部，60 秒城市宣传片二部，3 分钟企业宣传片三部。三类宣传片中气象元素镜头均不少于 1 分钟。除电视精品宣传片外，涵盖利于新媒体平台传播发酵的中短视频。

（2）活动成果宣传平台规模空前，最大化地面向全国推广"中国天气"品牌，提升"中国天气"知名度、影响力。90 秒公益宣传片在 2019 年 10 月正式对外发布，同时在腾讯、凤凰、西瓜、一点、搜狗等 23 个视频平台及多家微博、微信自媒体平台宣发播放，新闻资讯在人民网、央视网、央广网、凤凰、国家旅游地理等 24 个门户网站进行曝光推广，播出平台累计超过 180 家，仅微博粉丝就超 400 万，视频平台单条视频播放超过 60 万+，整体播放量超 800 万。政府城市宣传片均在当地政府宣传或推介会上播放，企业宣传片也陆续在央视 7 套及 17 套中高频次播出宣传，其中 CCTV-7 国防军事频道覆盖人群数约 5032 万，平均每人看过 1.7 次该系列宣传片。而 CCTV-17 农业农村频道，覆盖人群数 9666 万，全国有超过 3 亿人次收看该系列宣传片，观众平均每人看过 3.1 次。

众志成城，为抗"疫"略尽绵力

2020 年，新冠肺炎疫情暴发，各大媒体各守其责，各彰其能。国家级气象服务品牌——"中国天气"主动出击，为疫区送温暖，为逆行者护航，为公益发声，为抗击疫情注入源源不断的温暖与力量。

1. 关注疫区天气，呵护百姓生活

面对新冠肺炎疫情的影响，"中国天气"每天通过 27 个国家级广播电视平台 140 多档天气预报节目及时发布各类天气预警预报信息，送上最及时的冷暖关怀。在此期间，长江中下游一带曾遭受剧烈降温、雨雪、大雾等天气影响，各档节目提示受众注意及时添加衣物，提前做好生产生活准备。

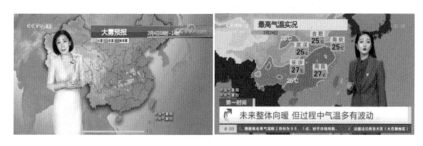

各档《天气预报》节目视频图片

疫情之下，大量民众减少外出，电视媒体价值强势回归，央视则是全民关注的首选媒体，充分展现了民生大事件下央视的公信力和影响力。在CCTV-1及CCTV-新闻频道并机播出、连续10年位列同时段所有频道之首的CCTV《新闻联播》后《天气预报》受到公众高度关注，2020年1月24日，节目收视率达7.67%，市场份额达24.36%，较2019年同期分别增长140%、104%。

2. 多维科普宣传，助力疫情防控

面对疫情，CCTV《新闻联播》后《天气预报》武汉、北京尾板块特别发布"关注天气变化　做好健康防护"公益广告，积极开展疫情防控宣传工作。

CCTV《新闻联播》后《天气预报》公益广告

气象影视中心以"科学防护、抗击疫情"为主题制作了多个通俗易懂、实用可操作的科普短视频在微博、微信等新媒体端播出。

"中国天气"科普新媒体短视频

　　中国天气网针对疫区天气，制作了《武汉加油》系列短片，在抖音、快手及时发布武汉未来3天天气预报，服务疫区百姓；制作《众志成城　抗击疫情》短片，并转发气象报社制作的宣传短片，为抗疫行动加油；制作、发布多条防护指南长图，与地方气象局联合发布多条科普视频。

"中国天气"科普新媒体短视频

　　3. 专业气象服务，护航抗疫行动

　　启动疫情防控工作后，华风集团专业气象台每天准时为国内航空运输企业、机场提供国内主要城市和武汉机场的航空专业气象服务，尤其针对各类医疗等重要物资运输航班提供专项影响预报，全力保障疫情防控空中物资运输通道。

春节期间，一批来自日本的医疗物资急需由专机送往武汉，支援国家一线的疫情救护和防控工作。专业气象台滚动提供了该航班从计划航线申请、航空飞行资料准备到航班起降和飞行保障的全程航空天气影响分析任务。在精准气象服务的保障之下，2020年1月30日，该批物资安全送抵武汉，投入疫情救护工作一线。

旅日华人募集的物资

4. 暖暖中国心，弘扬公益正能量

面对疫情，国家、媒体、企业和个人的命运被紧紧捆绑在一起，是命运共同体，更是责任共同体。

"中国天气"联合合作伙伴，共同发起"暖暖中国心"活动，借助媒体的力量弘扬公益正能量。在《天气预报》官方微信公众号"环球气象"中，"中国天气"特别推出"暖暖中国心！中国企业在行动"系列报道，宣传企业捐赠、驰援武汉的爱心行为。

家居健康，中山榄菊在行动！

紧急驰援疫情一线500万元财物

为缓解前线医疗防护物资紧缺的情况，中山榄菊日化集团积极投入到抗击疫情的战役中，多方联系，紧急筹备，捐赠500万元财物支援抗疫一线。截止目前，中山榄菊日化集团已向湖北慈善总会捐赠现金100万元，用于抗击新型冠状病毒感染的肺炎疫情一线医护人员的救助、奖励及医疗防护物资的采制，并积极联系武汉政府指定的防疫统筹部门，捐赠价值400万元的除菌消毒物资，用于支援各地防控。

升级保障，中国人民保险在行动！

抗击疫情快速响应　1000万元捐款全部到位

疫情发生以来，中国人民保险全力投入，以实际行动和切实举措抗击疫情。1月28日，中国人民保险集团向武汉捐赠的1000万元专门款项全部到位，从启动捐款到款项到位仅用两天时间。同时，根据集团统一部署，人保财险全面升级车险理赔服务，放宽理赔责任，加大保险保障力度，进一步彰显国有中管金融企业的责任担当，践行"人民保险，服务人民"企业使命。

春耕备肥，史丹利在行动！

主动出击　力保春耕

疫情无情，互助有情。史丹利人也在用特别的方式，为春耕保驾护航。在确保防疫安全的基础上，史丹利紧急调度各基地加紧生产，各级经销商也迅速开启春耕储备。

2月6日湖北谷阳生产基地快速发货

"环球气象"微信公众号公益文章

首篇报道《暖暖中国心！中国企业在行动（一）》集合了6家企业，其中有捐赠15万件总价值3亿元高品质羽绒服的波司登，有捐赠500万元财物并承诺消杀用品不涨价的榄菊、加紧生产守护春耕的史丹利，还有捐赠1500万元并全面启动疫情服务的江淮，全力保障国家战略储备药品供应的健民集团、捐赠1000万元药品的以岭药业。

《致敬！疫情背后的温暖守护者！暖暖中国心（二）》在发布天气提醒的同时，继续讲述那些默默奉献的守护者们的故事，有捐赠1000万元、升级健康险特别服务的中国人保，有通过"云网服务"快速筑起阻击疫情线上防线的中国电信，有为医疗物资运输提供航空专业气象服务保障的维艾思……越来越多的企业正在积极响应"暖暖中国心"的集结号，与"中国天气"一起为公益发声。

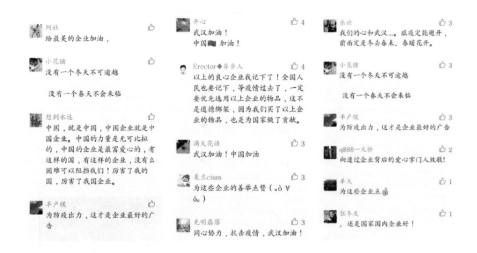

"环球气象"微信公众号观众留言

立足本源，为了更好的明天

根据第三方收视率调查机构的调查数据，充分了解气象影视服务的社会需求和效益。"中国天气"品牌不断加强整体包装设计，建立包括视觉、听觉在内的"中国天气"识别体系。立足气象专业优势，依托二十四节气研究院打造重点 IP、积极进行自身重要活动建设等，逐步形成有广泛影响力的知名品牌栏目及品牌活动。

2020 年 7 月 7 日，《新闻联播》后《天气预报》迎来了开播 40 周年，并全面进行升级改版。立足本源，用"风雨同舟，冷暖相伴"的服务初心，继续挖掘公益气象服务的新价值，开辟公益气象服务新阵地。

改版亮点一：节目展现形式更加丰富

1. 图形系统全新升级

《天气预报》节目的技术升级为全新的虚拟制作系统，实现气象信息表达从二维空间向三维空间的拓展，增强传播效果。充分储备虚拟灾害性天气、科普原理分析、大数据图表模板等模型，使改版后的节目电视化表现效果更为丰富。

2. 全高清播出，节目 UI 焕然一新

最直观的变化是高清播出，画面更加清晰，比例从 4：3 扩展到 16：9。同时节目 UI 全新升级，新的版式中，弧线设计是最大亮点，演播室的主体巨幕大屏、地面高亮的线条，还有标题条、字板等元素，都采用了柔美又兼具力量的弧线设计。

3. 全新片头上线

《新闻联播》后《天气预报》的片头作为节目的标志性元素和重要组成部分，一直深受观众朋友的喜爱和关注。节目改版启用全新的四季片头，每个季节以独特视角展开青山绿水的画卷，体现人与自然的和谐共生，传达节目致力于提供高质量服务信息，满足人们对美好生活向往的理念。设计意象主体以中国代表性动物为画面主体，利用当下最新的三维水晶动画制作手段，跟随春、夏、秋、冬四季更迭，激发观众对美好生态、美好家园、美好生活的向往。

改版亮点二：服务产品升级　服务水平提升

1. 增加高科技气象服务新产品应用

上线系列高科技气象服务新产品，包括风云四号卫星实时观测产品、高分辨率精细化气象服务产品（逐小时、逐 3 小时）、多要素气象服务产品（生活指数、风力、湿度、能见度）等，更加直观、更加清晰、更加精确地阐释天气状况。

新版 CCTV《新闻联播》后《天气预报》使用逐 3 小时降水预报

动画展现自北向南降雨变化过程

2. 强化天气对人们生活影响的服务性解读

在加强预警预报信息服务外，加大天气对人们生活影响的服务性解读，包括增加天气对高速公路、铁路、航班的影响解读，研发上线逐小时天气生活提示产品等。

新版 CCTV《新闻联播》后《天气预报》关注南方强降雨对航班的影响

新版 CCTV《新闻联播》后《天气预报》关注冻雨对高速公路的影响

3. 穿插气象科普知识的及时通俗解读

节目增加针对老百姓关注的话题进行的科普解读，如北京今冬降雪为何迟迟不下？南方连续阴雨，未来真的还有四个雨季吗？同在南方，冷空气来了，为何你下雪，我下雨？

新版 CCTV《新闻联播》后《天气预报》中使用虚拟模型介绍

南方不同地方雨雪相态的不同

4. 趋利避害服务百姓生活

为满足中国人民日益增长的美好生活需要，新版CCTV《新闻联播》后《天气预报》更多地关注和报道"好天气、好气候"，提供旅游出行、体育运动、医疗健康等方面的天气服务，不断拓展"让生命更安全、让生活更美好"的节目宗旨。

新版 CCTV《新闻联播》后《天气预报》
中使用虚拟模型介绍台风特点和影响范围

改版亮点三：版面空间增大　城市预报拓展服务范围

新版CCTV《新闻联播》后《天气预报》的城市预报版式也进行了改版，城市预报中新增了省会级城市的逐小时舒适度曲线。这个曲线综合了温度、湿度、风力、能见度等气象数据，展现一天当中逐小时的人体舒适度变化，还有通俗易懂的天气评价和建议，如紫外线强、能见度差、天气闷热等，对人们生活的指导性会更强。

随着时代的发展，人们获取天气信息的渠道越来越多，形式也愈加丰富。"中国天气"品牌虽然经过几十年的积累和努力，在政府、企业和百姓心目中，代表着中国气象局的官方权威形象，具备一定的公信力和影响力，但品牌仍然存在影响力有限、核心技术能力薄弱、布局和发展未能发挥气象部门合力、不能满足人民美好生活需求等诸多问题。坚守社会公益初心，不断创新公益服务形式，"中国天气"品牌未来将继续立足本职，不忘初心，进一步树立国家级灾害预警发布权威服务品牌和气象影视节目国家级内容提供商的媒体形象。

第八章　二十四节气
——传统文化节气公益新赋能

"中国天气"有了文化新内涵

二十四节气是古人通过观察太阳周年运动，认知一年之中时节、气候、物候的规律及变化所形成的知识体系和应用体系。二十四节气表达了顺天应时理念，是当代人可以汲取智慧的宝贵文化遗产。

2006年5月20日，"二十四节气"作为民俗项目经国务院批准被列入第一批国家级非物质文化遗产名录。经过10年的酝酿，2016年11月30日，二十四节气被正式列入联合国教科文组织人类非物质文化遗产代表作名录。二十四节气申遗成功所产生的效益远远超过了其他非遗项目的总和，是具有向心力和凝聚力的。

气象学家竺可桢老先生说，"秦汉以后有了节气月令，例如'清明下种，谷雨插秧'，老百姓就毋需再仰观天文了"。他在《中国近五千年来气候变迁的研究》和《大自然的语言》中，都大量运用了节气和物候的古籍文献记载，对后续二十四节气的研究具有基础的科学意义。

《中国非物质文化遗产》
China Intangible Cultural Heritage
2022 | 01 总第9期

现代社会依靠土地生活的人越来越少，二十四节气的研究与现代人之间，如果不能建立起刚性的关联方式，二十四节气作为一种文化习俗最终的宿命就是在博物馆。每个时代都需要为二十四节气注入新的智慧和能量，气象部门作为节气研究的自然科学基础支柱型研究单位，在二十四节气的保护传承和应用发展中担负着十分重要的责任和使命。

2019年6月，在中国气象局指导下，华风气象传媒集团牵头联合中国气象局气象宣传科普中心协同中国气象局相关直属业务单位，带着共同的责任和使命正式组建中国天气·二十四节气研究院（以下简称研究院）。研究院从科学兼具文化的角度，立足于契合气象学科专长的基础研究，着眼于跨学科、跨领域、跨国界的应用研究。正如宋英杰副院长在揭牌仪式上说的那样："我希望二十四节气充盈着科学的雨露，洋溢着文化的馨香，既在我们的居家日常，也是我们的诗和远方。"研究院的成立意味着"中国天气"品牌在推动中华优秀传统文化保护与传承工作中贡献一份力量，"中国天气"品牌从此也被赋予了丰富而饱满的文化内涵。

2019 年 6 月 27 日，北京，中国天气·二十四节气研究院揭牌仪式

（左起：中国广播电视社会组织联合会广播电视产业发展委员会专家组组长金国强，中国农业博物馆农业历史研究部主任、二十四节气研究中心副主任唐志强，时任公共气象服务中心副主任潘进军，时任华风集团总经理李海胜，中国社区发展协会副会长、中国儿童友好社区促进计划发起人周惟彦，中国科普研究所科普理论研究室主任高宏斌，中国艺术研究院建筑艺术研究所代理所长杨莽华）

时任华风集团总经理、节气研究院院长李海胜进行主旨发言

中国气象局气象服务首席专家、节气研究院副院长、
CCTV《天气预报》主持人宋英杰主持揭牌仪式

华风集团媒体资源运营中心主任、节气研究院秘书长白静玉进行主旨发言

加入节气研究"国家队"

2020 年 12 月 19 日，在农业农村部、文化和旅游部的支持下，"二十四节气保护传承工作年会暨二十四节气保护传承联盟成立大会"在京举行。联盟发

起单位包括节气研究机构、社会团体、非物质文化遗产保护机构、代表性社区、文化博物馆机构、文化创意机构、新闻出版机构等总计52家。

二十四节气保护传承联盟成立大会现场

时任华风集团总经理、研究院院长李海胜（左），

研究院副院长宋英杰（右）参加联盟成立大会

作为气象领域的代表，华风气象传媒集团受邀参会并作为第一批常务理事单位正式加盟，李海胜先生受聘为联盟副理事长，宋英杰先生受聘为联盟学术委员会委员。

此次加入"二十四节气保护传承联盟"，意味着中国天气·二十四节气研究院正式成为节气保护传承"国家队"的一员。中国天气·二十四节气研究院自成立以来坚定夯实基础研究工作，不仅让节气"学术圈"对研究院学术水平有了全新的认知，更得到外界对"中国天气"品牌影响力和公信力品牌的认可。

你算，我算，不如天算

二十四节气研究院的"研究"两个字究竟该如何去夯实？开展契合气象学科专长的基础研究，就是从我们的气象、气候以及气候变化视角，开展与时俱进的"本地化"和"当代化"研究。同时，避免学科壁垒，坚持"跨学科、跨领域、跨国界"的研究方式，促进二十四节气与不同行业的融合发展。

"二十四节气气候时段的伸缩与漂移"由宋英杰于2017年提出并确定基础概念，2017~2019年由宋英杰团队逐步研制和完善算法逻辑和精度，这项研究正式申请发明专利。

在气候变化的背景下，节气气候时间与节气天文时段不吻合甚至严重背离的情形越来越普遍地影响到公众和社会对于二十四节气的科学应用和文化传承。人们经常感叹，二十四节气越来越不准了！

"二十四节气气候时段的伸缩与漂移"研究，是为了严谨地量化表征某一国家、某一区域、某一城市二十四节气气候时间与天文时段的偏离程度。哪个节气的气候时间延长了、缩短了或者消失了，哪个节气的气候时间漂移到了其他节气的天文时段之中。

研究"二十四节气气候时段的伸缩与漂移",可以精确地刻画不同年代、不同地区、不同节气的气候变化程度,从根本上解决节气时间体系中气候时间与天文时间的偏差如何量化计算的问题。这使基于节气耕作、基于节气养生、基于节气进行气候变化表述,有了数值化的科学依据,也是二十四节气这一人类非遗注入科学算法的与时俱进。

该研究目前在国内处于业界领先水平,具有以下四个特点:一是站点数最多,采用全国 2221 个站点;二是历史序列最长(60 年);三是谐波处理最规范,采用国家级业务规范;四是节气温度阈值设定最严谨,对上升下降期、峰值谷值区均有相应的界定逻辑。"二十四节气气候时段的伸缩与漂移"这一方法,由宋英杰代表研究团队在 2020 年 9 月举办的中国首届二十四节气国际学术大会上进行了发布和解读。

让节气"看"得懂

2020 年,二十四节气研究院副院长、中国气象局气象服务首席专家、CCTV 天气预报主持人宋英杰,承接来自中宣部"文化名家暨'四个一批'人才工程"项目并以"二十四节气适用图谱开发"作为课题,正式开展相关研究工作。这项研究的核心是以精美的图解方式把与二十四个节气相关的科学文化的最核心内容进行通俗的展现。

二十四节气谚语是人民生活和农业生产智慧的精练表达,许多谚语至今仍有着宝贵的现实借鉴意义。从气候变化视角印证、解析气候类、天气预测类、节气三候谚语,挖掘谚语地域性和适用性。团队通过大量阅读二十四节气相关书籍、查找文献和网络资料、实地走访和专家咨询等方式收集不同地区流传较广的节气谚语,并基于以上素材收集气象经验,提取天气气候相关节气谚语,进行气象要素匹配,完成二十四节气、七十二候谚语对应气象要素分析库。

基于气候整编数据，编制程序进行全国多站点气象意义季节分析、节气时段多气象要素相关分析，最终，形成可读易懂的可视化图谱系列产品。预计在2022年，该项目形成的知识产权成果及具备应用指导意义的各类出版物将陆续出版。

二十四节气文化是海纳百川的，在二十四节气的人文学科领域的研究和挖掘也应充分发挥气象学科专长，从科学兼具文化的角度进行交叉融合的拓展研究。例如节气美学概论研究，依托国外气象美学、生态美学、环境美学的研究，以及国内外美学本身的研究，形成对于节气时令气候物候和文化习俗的审美研究。

唐诗宋词中的二十四节气研究，以《全唐诗》《全宋词》为蓝本，以诗词检索系统为工具，从节气气候物候和文化习俗的视角解析经典诗词，为节气美学提供文学样例。该研究是以气象专业能力介入文学领域的一种尝试，其相应专著可能成为传播流行的载体，也可与教育产业有机结合。

节气色彩美学研究，以阴阳五行、文物、物候、体感愉悦作为色彩的四种提取方式，既有文化高度，也有美学价值和实用延展价值。该研究应用广泛，将成为如文创设计、服装设计等色彩应用类客户的合作首选，此类基础研究不但具有科学依据，还具有很好的实用价值。

对《吕氏春秋》和《淮南子》中气候和物候标识的气候原型的研究，依托经典古籍，发挥和凸显气象学科专长，是节气体系研究的重要内容。节气体系起源于哪里，月令典籍中的气候和物候标识的原型地在哪里，一直是学界的争议所在，该研究将得到学界的瞩目，有助于提升研究院的学术分量以及影响力和公信力。

目前在二十四节气学术领域，相关研究还有很多亟待解决的问题，基础研究工作仍然是重中之重，需朝着自然科学与人文科学相关部分不断延伸。

没有规矩，不成方圆

党的十九届五中全会着眼战略全局，对"十四五"时期文化建设作出部署，明确提出到 2035 年建成文化强国的远景目标。开展全国"二十四节气之城"评价标准工作，旨在落实关于建设文化强国和实施乡村振兴的决策。

《"二十四节气之城"评价指标团体标准》（以下简称《标准》）由华风气象传媒集团中国天气·二十四节气研究院起草。协作单位及专家所属单位包括中国农业博物馆、中国民俗学会、国家气候中心、中国气象局气象宣传与科普中心、公共气象服务中心、北京大学、清华大学、北京师范大学、中国人民大学等。

《标准》是经过大量的咨询与分析验证后最终确定的，节气之城的评价必须从多个维度综合体现，既要包括二十四节气文化传承，也要包括气候天文、物候物产、特别贡献等相应内涵。

四个一级指标和七个二级指标既包含客观定量标准，也包含由参评单位自主梳理申报的非定量标准，最终每个"节气之城"的遴选标准都将由若干定量及非定量标准来综合评价。

需要注意的是，定量的气候指标充分利用气象学科专长，利用气象大数据对节气进行了"本地化"和"当代化"研究，针对二十四节气分别研制出 2~5 条指标，并逐一配合绘制了精确到县级区域的图谱，如秋季的"立秋之城""处暑之城""白露之城""秋分之城""寒露之城""霜降之城"气候指标图例，有效增加了《标准》专业性和可操作性。

"二十四节气之城"评价工作将由中国气象局中国气象服务协会作为牵头单位，中国天气·二十四节气研究院作为技术支持单位，联合农业农村部、文化和旅游部相关单位及科研院所的相关专家、学者，面向全国范围内的地级城市或县级区域逐步开展，这项工作将促使各地更清晰地理解、更准确地弘扬二十四节气的科学内涵和文化价值，促进非遗传承，讲好中国节气故事，增强文化自信，助力美丽中国建设。

让外国人能叫明白的二十四节气

从 1650 年开始就有二十四节气双向翻译，在各国文化交流过程中，版本众多，理解差异巨大，对每个节气微妙的精神内涵、文化意义的表述不够规范。

目前国际流行最广的译本来自日本，但那是他们对于节气内涵的理解。而中国作为二十四节气文化的本源、非遗主体国家，至今尚无英译的任何层级的标准。在节气传承保护业界，在英文媒体传播节气的过程中，业者一直期待相应的标准规范，2021 年 3 月，二十四节气研究院联合中国农业博物馆共同提出对二十四节气英文译名展开研究，同年 11 月，该标准完成内容研制并被中国气象局法规司防灾减灾标准化技术委员会推荐为"2022 年国家标准"。

与现存各种译本相比，中国天气·二十四节气研究院利用自身学科优势，进行了严谨的择取、剔除、新建等工作，对二十四节气的文化内涵、天文气候物候意蕴进行了更有深度和广度的精准把握，研究水平明显超出了原有各版本，成果已在业内得到了广泛赞誉。

借助气象学科对于节气体系的深刻理解、对节气称谓背后的气候原理的细腻把握，对节气称谓进行研究，并借由体现"信达雅"的方式，建立了契合科学逻辑和文化习俗规范的《二十四节气各节气的英文译名规范》。

基于气候和物候的二十四节气英文译名研究

宋英杰　隋伟辉　孙凡迪　齐鹏然

【摘要】二十四节气在联合国教科文组织非物质文化遗产名录中属于"有关自然界和宇宙的知识和实践"类的项目。数百年来，众多学者翻译了节气作测的英译版本。但目前，国内尚无节气英文译名的行业或国家标准。在实际传播中，"即兴"创作的版本甚多。其中，不少版本缺乏对时节气名称背后气候和物候意蕴的深刻理解。在梳理节气英译流的基础上，通过倒置研究节气名称的气候和物候内涵及其微妙的指向性，有助于提出精准契合节气气候和物候的英文译名序列，促进二十四节气的国际化传播。

【关键词】二十四节气；英文；译名

二十四节气是以大约 15 天为自然节律的时令体系。其官方定义为：二十四节气——中国人通过观察太阳周年运动而形成的时间知识体系及其实践。英文表述为：The Twenty-Four Solar Terms, knowledge in China of time and practices developed through observation of the sun's annual motion。目前的二十四节气是以黄经 15° 为间隔的节点序列（图 1、表 1）。分为 6 个基本类别（表 2）。

节气体系，发端于先秦时期。自公元前 104 年汉武帝时期起，成为国家历法的有机组成部分。它是阴阳合历的"纽带"。是指导人们起居生养的重要时令体系。并辐射到周边的很多国家和地区，成为人们广泛应用和传承的具有科学属性的文化遗产。二十四节气，其节点以天文的方式刻画，其称谓以气候／物候的方式表征，是多学科的文化集成。准确

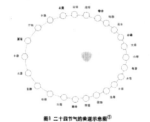

图 1 二十四节气的黄道示意图①

表 1 二十四节气的称谓

分类	节气名					
春季节气	立春	雨水	惊蛰	春分	清明	谷雨
夏季节气	立夏	小满	芒种	夏至	小暑	大暑
秋季节气	立秋	处暑	白露	秋分	寒露	霜降
冬季节气	立冬	小雪	大雪	冬至	小寒	大寒

　　建立规范的二十四节气各节气名的英译版本标准，不但填补了这一领域的空白，也有益于公众对于二十四节气的理解，有益于二十四节气的传承及传播范畴的广泛应用，也为节气文化的国际传播交流提供了标准依据。未来，该标准有望进入中国政府向联合国教科文组织提交的五年期人类非遗传承保护成果的中国政府成果清单，这项工作是"中国天气"品牌价值发展的重要"里程碑"。

想要了解节气必看的三本书

研究院以气候和气候变化的视角，开展了大量二十四节气自然科学和人文科学的融合研究。研究院充分发挥节气专家的引领作用，中国气象局首席专家、研究院副院长宋英杰陆续出版了多本具有社会影响力的与二十四节气相关的著作。

节气出版物《二十四节气志》

2017 年宋英杰独著的《二十四节气志》一书，对二十四节气文化进行了全面的气象学印证和梳理，已成为二十四节气著作中关注度和引用率最高、发行量最大的作品，已成为包括央视新闻在内的主流媒体的节气产品蓝本，已成为中国邮票总公司各节气邮册的图文蓝本。

2018 年 4 月起，知识平台"喜马拉雅"开设"宋英杰讲二十四节气"120集系列讲座，被列为中华优秀传统文化的"精品课程"。

节气出版物《故宫知时节》

2019 年《故宫知时节》出版，该书以故宫博物院院藏明代画册《月令图》册为缘起，从文化和科学两个角度，逐条解读二十四节气的七十二候，包括讲述节气"物语"中的气候逻辑、物语标识中的争议以及科学谬误。从故宫视角来解读节气、解读传统文化。

节气出版物《中国天气谚语志》

2020 年《中国天气谚语志》出版，该书分类梳理并解读了自先秦时期至今的典型民间天气谚语，并同英语、法语、德语、日语、俄语等世界上主要语种的天气谚语进行对比分析，阐述人类观察和思考自然现象与规律范畴的认知路径，增进传统文化与现代科学的交融。《中国天气谚语志》在 2021 年浙江的书展上被评为农民喜爱的 100 本图书之一。2022 年《宋英杰叔叔讲节气》绘本、《二十四节气日本物语》已正式出版发行。预计《二十四节气神》《二十四节气图腾》《藏在红楼梦里的二十四节气》等精品著作也即将在 2022 年与广大读者见面 。

节气和病媒生物的研究

《中华人民共和国国民经济和社会发展第十四个五年规划纲要》提出，推进产学研深度融合。以大数据分析方式，在基础研究之上，积极应对来自市场的合作和服务需求，开展"跨行业""跨领域""跨国界"的联合研究。研究院聚焦大健康领域，尤其在节气与病媒生物习性的结合、与感冒的联合领域率先开展研究，产品服务呈现了多元化市场化趋势，这些合作为研究院的发展提供了相应的市场支持。

开展节气与病媒生物习性联合研究。在行业调查基础之上，以气象数据为基础，将病媒行业数据和实验室数据相结合，基于不同类型的病媒生物对气候的响应，对历年病媒生物的消长周期进行分析评估，综合分析后建立准确的计算及预测模型，最终以年度预测以及月度预测的方式，形成预报方程并尝试开发预报预测产品。

成立节气变化与感冒趋势联合研究院。以气象数据为基础，结合行业数据（流感等）深入挖掘其中的科学内涵，从易传播、易应用的角度，将气候数据分析结果可视化，面向公众，进行公益性质的科学普及；面向企业，为企业的发展布局提供理论支撑。

我们也有文创

有了扎实的专业基础研究作为支撑，让传统文化在新时代散发新的魅力是中国天气·二十四节气研究院始终的追求，在为品牌的文化内涵赋能的同时，也为生活品质赋能。

在进行了大量准备工作之后，首套整体构思、成体系的二十四节气·七十二候全手绘系列作品正式着手启动，所谓七十二候应，现代叫"物语"，是大自然的语言，是古人将天气体系与物候体系相融合探索得出的宝贵成果，将用画面和文字向大家呈现渐渐淡出人们视线的七十二候，作品不仅精美大气，还能以更科学的视角呈现，突破摄影的局限性。比如尝试将"品物皆春"的元素融入隆庆祥的高级定制服装，让着装更有文化品位的同时也将节气融入了生活中的衣食住行。

节气服饰文创产品

研究院还在文创产品上进行了新的尝试，"四季杯"的灵感来源于在气候和气候变化方面呈现效果非常好的康熙帝"钦制康熙月令十二化神杯"，并在此基础上进行了春夏秋冬四款杯的设计，其中的一盖一碗、一花一木、一诗一印都进行了精心的考虑。

"四季杯"文创产品

惊雷卷

雷声却擘九地出

中国人民保险：天作之合　气象一新

致力于建设具有卓越风险管理能力的全球一流金融保险集团。

——中国人民保险集团股份有限公司

天人合一 以"温暖"为桨 砥砺同行

为人民而生，因人民而兴。为不断实现好、维护好、发展好最广大人民的根本利益，中国人民保险集团在保险业鲜明提出"做有温度的人民保险"。在抗疫前线、老区山乡，在雪域高原、风雨寒潮中，处处可见人保人燃烧自己、温暖客户的动人身影。

关注百姓冷暖，服务千家万户。"中国天气"始终坚守"风雨同舟，冷暖相伴"的初心。CCTV《新闻联播》后《天气预报》开播以来，每天为亿万观众提供气象服务信息，《渔舟唱晚》音传九州。"中国天气"与人民一起共担风雨、共享阳光。

正因为"中国天气"与中国人民保险的企业理念高度契合，双方携手开展了一系列品牌合作，可谓"天人合一"。

"天人合一"，是因为大家都有"共担风雨"的使命担当。保险与气象关系密切，中国人民保险以"人民保险，服务人民"为企业使命，而"中国天气"的宗旨是"服务社会，造福人民"。正是由于理念上的高度契合，中国人民保险与"中国天气"共同担负起了综合防灾减灾、保障人民生命财产安全与社会和谐稳定的重要使命。

"天人合一"，是因为大家都有"共创价值"的"硬核"实力。中国人民保险作为综合性保险金融集团，业务覆盖风险保障和财富管理多个领域，拥有为公众提供各项保险、金融、科技服务的强大实力。同样，"中国天气"作为中国气象局公共气象服务的第一品牌，以尖端的气象预报预警科技手段和融媒体的气象服务形式，勇立于公共气象服务的潮头。双方"硬核"实力的合作，必然实现互利共赢，为社会创造出巨大的财富与价值。

"天人合一"，是因为大家都有"共享美好"的奋斗目标。从气象预警到风险防范，再到保险理赔，中国人民保险与"中国天气"正在为国家防灾减灾、保障人民生命财产安全、共建美丽中国搭建完整的服务保障链。双方将不断开发更具新意和创意的智慧服务产品，为实现"人民对美好生活的向往"的奋斗目标共同努力。

天作之合　以"温度"为帆　行稳致远

秉承中国心，实现新融合。"服务民生，服务中国"的家国情怀牢牢根植于两大品牌的基因之中，这为中国人民保险与中国天气的合作提供了天然的土壤，也推动两大企业合作迈上了新台阶，双方携手开展了全域媒体整合营销合作，取得了令人瞩目的效果。

央视平台强势领跑，彰显"中国人民保险"品牌行业领军地位。2019～2021年，中国人民保险通过 CCTV-1 综合频道、CCTV-2 财经频道、CCTV-7 国防军事频道、CCTV-13 新闻频道、CCTV-17 农业农村频道五大频道黄金时段的知名气象信息服务栏目，对品牌进行了全方位、高频次广告投放。其中，在 CCTV-1 综合频道及 CCTV-13 新闻频道并机播出、多年来收视率一直保持高位稳定的 CCTV《新闻联播》后《天气预报》，成为中国人民保险品牌投放的首选。

中国人民保险结合自身的品牌建设与宣传需求，选择了极具营销价值与公益属性的《新闻联播》后《天气预报》"北京首"版块进行投放。"北京首"版块具有强黏性、高覆盖、口碑优的投放价值：观众具有更强的收视黏性，各年龄段观众未来继续关注的比例均超过 92%；品牌满意度在看过 CCTV《新闻联播》后《天气预报》节目的人当中高达 92%；品牌接触度接近 40%，是《天气预报》节目中观众接触度最高的版块。

CCTV《新闻联播》后《天气预报》是中国人民保险与电视观众频繁接触

的有效载体。通过持续性灵活投放的广告策略，可以为中国人民保险进一步聚焦大屏"正能量"，树立公益温暖的企业形象，以民生视角传递企业关怀，持续提升企业公信力，彰显国有企业的社会责任。

CCTV《新闻联播》后《天气预报》"北京首"位置品牌形象展示

CCTV-2财经频道《第一时间　第一印象》节目"北京首"位置品牌形象展示

人民有期盼 保险有温度

PICC
中国人民保险

CCTV-7 国防军事频道《军事气象》、CCTV-17 农业农村频道
《农业气象》节目中国人民保险形象片展示

优质内容霸屏传播，助力"中国人民保险"品牌精准触达目标人群。"中国天气"紧密围绕中国人民保险集团"人民有期盼 保险有温度"的品牌理念，量身定制"天气+保险"新型媒体传播产品植入品牌，实现了优质原创内容霸屏式传播。

"中国天气"联手中国人民保险，锁定对天气、防灾减灾信息高关注度人群，围绕重大灾害性天气事件等需求场景，以重大灾害性天气事件网络直播报道、天气实景直播+美景短视频集锦等创新传播产品为载体，借助中国天气新媒体垂直平台、专业自媒体账号，让顶尖的媒体报道产品内容与中国人民保险品牌目标人群需求紧密锁定；为凸显"中国人民保险"品牌"保险有温度"的内在要求与担当，"中国天气"通过为"中国人民保险"独家定制生活气象指数、预警信息温馨提示语等创新产品，彰显中国人民保险品牌为人民提供防灾减灾服务的社会属性，使广大社会公众都能感受到人民保险的"温度"，助力赋能"保险有温度"的品牌理念。

中国人民保险冠名及植入的"中国天气"追风逐雨系列灾害网络直播

"中国天气"作为众多500强企业及品牌信赖的合作伙伴，致力于从气象专业这个垂直赛道出发，紧密围绕中国人民保险集团"人民有期盼　保险有温度"的品牌理念，深耕国家平台黄金时段权威发声、量身定制新型媒体传播产品植入品牌、创新打造防灾减灾品牌赋能形式等全域媒体资源优势，成功构建了一套科学、完整、有效的"中国人民保险"品牌输出战略模式，有的放矢地为客户提供颠覆传统营销模式的差异化全域媒体整合营销，获得了巨大的品牌传输效果及显著的社会影响力。"中国天气"将持续助力"中国人民保险"品牌扬帆远航，行稳致远！

波司登：知寒问暖二十二载

　　风雨相伴，冷暖相知，CCTV《新闻联播》后《天气预报》与波司登的合作长达二十多年，她伴随着我们这一代人成长，更见证了波司登的发展壮大。波司登能够从激烈的市场竞争中胜出，走进千家万户，走向国际市场，靠的是品牌的力量。这离不开《天气预报》的鼎力支持。

　　CCTV《新闻联播》后《天气预报》的"国家队"定位，和波司登羽绒服的亲民品格完美融合，共同书写了媒企合作、共同成长的佳话。借助《天气预报》的高权威性、高公信力、高覆盖率，我们扩大了高势能传播声量，抢占了羽绒服专家的心智资源，实现了品牌和销量的双丰收，巩固了行业领军地位。

——波司登国际控股有限公司董事局主席兼总裁　高德康

1976 年，波司登创立，从默默无闻逐步成为家喻户晓的国民品牌，现已经成为全球羽绒服行业领军者。这一方面在于波司登有勇于攀登、不断创新的精神，另一方面应归功于其睿智的宣传策略。

二十一载温暖相伴　成就媒企合作佳话

早在 2000 年，波司登就在众多广告媒体中选择了 CCTV《新闻联播》后《天气预报》景观窗口广告资源，用其高端的羽绒服产品占据"北京首"这个黄金的版块，瞬间树立起其在羽绒服领域的龙头地位。在之后的几年里，波司登更是加大投入，针对不同区域的客户，进行多版投放，在整个冬季提醒观众注意保暖并将自己最好的产品、最新的科技、最潮的理念进行高频曝光，让品牌深入人心！这也正是 CCTV《新闻联播》后《天气预报》广告资源独有的属性。正是这声知寒问暖，陪伴了波司登一代又一代的忠实用户。而波司登也一直认定，CCTV《新闻联播》后《天气预报》是与其产品高度相关的优质资源，其所在平台更是具有高权威性、高公信力和高覆盖率的属性，是展示企业实力和行业地位的必争之地，要坚持做下去！这一声坚持，已有 21 年！

波司登善于挖掘 CCTV《新闻联播》后《天气预报》的广告资源价值：用央视平台消除用户对品牌的质疑；用核心版块展现行业地位；用收视高峰获取更多关注；用多版块投放宣传不同产品；选取最具关联性的季节进行投放，大大节约宣传经费。在线下，以店庆、购物节等多样化活动进行催化，同时战略性地将其旗下品牌进行有效渗透，不断巩固波司登在中国乃至世界羽绒服市场的龙头地位。

CCTV《新闻联播》后《天气预报》节目"波司登"品牌展示

正是这 21 年的知寒问暖，为波司登品牌奠定了牢固的根基。随着互联网时代的到来，波司登坚持与《天气预报》携手共进！2018 年 8 月 8 日，以CCTV《新闻联播》后《天气预报》为核心的广告资源全面升级，正式成为"中国天气"全媒体营销平台。通过对天气服务需求的深挖，"中国天气"将寒潮预警等灾害天气与波司登品牌结合，在多个主流媒体联合发布"全国羽绒服预警地图"等产品，获得了极高关注，提升了品牌美誉度，对品牌产品销售有明显的推动作用。如今，企业不仅要传播品牌，也要效果转化，努力实现从"流量"到"销量"的转化，这也是"中国天气"一直探索的方向。

虽然传统媒体的流量向新媒体倾斜，但没有品牌根基的企业很难在新媒体的浪潮中茁壮成长。在新媒体赛道上，充满着客户对品牌的陌生感、对夸张的广告语的质疑，以及对产品质量的不信任，大量失败的购物体验给新媒体带来了诸多不良的影响。放弃传统媒体赛道，将全部精力投入到新媒体的做法是万万不可取的，波司登正是深知其中的奥秘。据 CTR 2020 年上半年的调查数据显示，"波司登"的品牌知名度在看过窗口广告的人群中高达 86.1%，是没看过窗口广告人群的 1.6 倍。看过《天气预报》的人中，"波司登"在各类人群中的预购率均在 65% 以上。其中，在沈阳、北京和石家庄的预购率均在 85% 及以上，另在哈尔滨、天津、成都等 7 个城市的品牌预购率达到 70% 及以上，《天气预报》有效推动了波司登的竞争力。

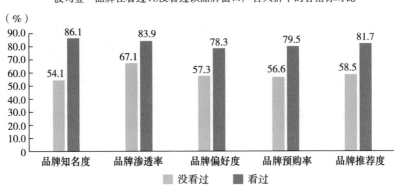

CTR 关于"波司登"品牌广告效果满意度的抽样调查分析报告

资料来源：CTR，2020 年上半年新闻联播《天气预报》窗口广告效果调查，15~64 岁，样本量 = 1785。

共拓新思路　携手向未来

2016 年 11 月 30 日，在埃塞俄比亚首都亚的斯亚贝巴举行的联合国教科文组织保护非物质文化遗产政府间委员会第 11 届常会通过审议，批准中国申报的"二十四节气"列入联合国教科文组织人类非物质文化遗产代表作名录，从此开启了"二十四节气"火爆的宣传浪潮。作为气象服务部门，"二十四节气"的研究和传播本就是职责所在。2018 年 11 月 7 日，通过对"波司登"品牌 18 年的理解，由"中国天气"精心打造的《立冬 | 气寒水冷　人心向暖》一文在"环球气象"微信公众号发表，阅读量高达 12.6 万，文中将"波司登"品牌与立冬节气特点深度结合，成功助力波司登打造"羽绒服专家"的品牌形象。

× 环球气象　　　…

1. 先看填充物。填充物一般分为鹅绒或鸭绒两种。同等含量的鹅绒比鸭绒保暖性更好，价格也较贵，因为从更大更成熟的鸟类身上采集的羽毛会保暖。

× 环球气象　　　…

4. 看品牌。消费者选购羽绒服时，最好选择专业做羽绒服的品牌，像国民品牌波司登，已经在这一领域深耕42年，每一件羽绒服都要经过：至少62位工艺师、150道工序，更要经过三大极端测试：24小时零下30℃极寒、15000-20000次摩擦、10000次拉链拉滑测试。

没有羽绒服的冬天就没有安全感，今日立冬，节气君也送大家一份暖心♥的福利，抵御到来的漫长冬天。

"环球气象"公众号关于"波司登"品牌的推文

在中华人民共和国成立70周年之际，波司登与"中国天气"的合作再次升级，联合拍摄宣传片《盛世气象——创新》。以波司登设计团队为切入点，展示品牌与时尚接轨、不断突破创新的精神，彰显了波司登高质量发展的实力和决心。该宣传片在电视媒体及新媒体端全面宣发，引发了社会对波司登品牌的密切关注。

"波司登"品牌新中国成立70周年专题宣传片《盛世气象》

2019 年 6 月，"中国天气·二十四节气研究院"正式成立，波司登成为首批副院长单位。未来，双方将在节气变化与穿衣方面进行深入研究，为传播"二十四节气"文化做出贡献，也将助力波司登在行业内持续发声。

大浪淘沙，商海沉浮。21 年间，太多的品牌已散入尘埃化作历史，波司登却屹立不倒焕发勃勃生机。这是一段媒企合作的传奇，更是一则"天气营销"的经典案例。

榄菊：乘风"破圈" 打造顶流专业传播生态

　　《天气预报》是中国老百姓每天必看的栏目，也是电视史上的常青树，非常荣幸榄菊集团能够与"中国天气"达成战略合作。双方的合作不仅在于媒体传播领域，更在于一起推动气候变化与蚊虫等有害生物习性的深度研究。我相信榄菊集团未来与"中国天气"的合作会结出更多成果，为中国老百姓的健康生活保驾护航。

——榄菊日化集团总裁　薛洪伟

每当《渔舟唱晚》的音乐响起，很多人脑海中都会浮现出《天气预报》的经典画面，从1980年开播，《天气预报》已经陪伴我们走过了40多年，成为几代人的经典记忆。

1982年，在《天气预报》开播两年之后，在素有"菊城"美誉的中山市小榄镇，作为中国电热驱蚊产品的开山鼻祖，"榄菊"品牌诞生了。同样经过40年的孕育，榄菊从中国电热驱蚊产品的开山鼻祖，发展成为中国家庭卫生杀虫行业的领军企业之一。

2019年，榄菊集团和"中国天气"相遇，携手走上了一条意想不到的乘风"破圈"之路。

布局黄金资源　打造家卫金名片

2019年，"中国天气"深化品牌建设，推出超级营销工程：金名片工程——在央视晚间最黄金、最核心时段，集中推出35张稀缺黄金名片，打造大国名企、名品、名城、名景。

作为"中国天气"金名片工程的核心资源，CCTV《新闻联播》后《天气预报》拥有中央电视台和中国气象局双重国家级权威背书，节目位于CCTV-1综合频道和CCTV-新闻频道全天收视高峰，集超级背书、超级公信、超级影响等传播优势于一体。榄菊集团希望布局黄金资源，打造家卫金名片，《天气预报》节目顺理成章地成为榄菊抢占传播制高点、提升品牌新高度的战略核心。

对此，榄菊集团总裁薛洪伟评价道："我们是从小看着《天气预报》长大的，有很深的情结。榄菊要想从行业领导品牌发展成国民知名品牌，一定要占领CCTV-1综合频道这一传播制高点，借助权威媒体发出权威声音。"

2020年1月1日，榄菊集团正式携手"中国天气"，踏出了"破圈"之路的第一步——正式登陆CCTV《新闻联播》后《天气预报》，相继在成都、重庆、武汉、南宁、海口等城市版块亮相，并以此为核心，同步布局 CCTV-7 国防军事频道《军事气象》、CCTV-17 农业农村频道《农业气象》，以及拥有130 多万粉丝的"环球气象"微信公众号，深度融合"中国天气"品牌旗下全媒体资源，全力打造家卫金名片。

2020 年 3 月，揽菊主打的驱蚊产品进入黄金销售期，在继续亮相城市版块的同时，强势登陆《天气预报》"特约窗口"（北京尾）版块，展示其产品形象。"北京尾"是《天气预报》的特别窗口，地位独特，画面突出，揽菊品牌在这里获得了更好的呈现效果，赢得了更高的关注度。

揽菊品牌登陆 CCTV《新闻联播》后《天气预报》"特约窗口"（北京尾）版块

专业产品 为"破圈"之路再添新招

每一年的夏季是揽菊集团进行品牌布局的核心时段，2020 年夏天，揽菊和"中国天气"的"破圈"之路出现了让人耳目一新的新花样。

2020 年 7 月，揽菊独家冠名的"2020 全国蚊子出没预报地图"通过"中国天气"平台全网宣发，微博话题登上热搜榜，最高排名第 15 位，总阅读量超过2亿，被人民网、央视新闻、新浪、网易、腾讯等多家主流媒体及门户网站转载并获得高度评价，天气话题成为全网爆点。

榄菊独家冠名"2020全国蚊子出没预报地图"引发全网关注

参与场景营销，也是榄菊在"中国天气"的新尝试。2020年榄菊独家冠名了《AI岳云鹏·天气这件小事》和天气闹钟《小岳岳报天气》，借助天气场景与消费者进行互动，通过"生活类天气节目"与"家庭必备产品"的强绑定，将榄菊产品曝光在生活中，强化榄菊生活助手形象，开展有温度的场景营销。

榄菊独家冠名《AI岳云鹏·天气这件小事》

2021年，榄菊继续独家冠名了"中国天气"的《2021全国蚊子预报地图出炉，看看哪里将掀"人蚊大战"》，传播效果一如既往的火爆。之后，"中国天气"专门为榄菊开发了重磅气象地图产品——"全国蟑螂预报地图"，全网同步发布了《救命帖！全国灭蟑姿势地图来了，看哪里需要武力出击》，以趣味科普的内容在网络上火热传播，取得了不俗的传播效果。

深入合作　积极探索节气+

榄菊集团和"中国天气"的合作从一开始就没打算只进行广告投放的简单合作，双方一步步谋划着"跨界"。2019年9月，榄菊集团成为"中国天气·二十四节气研究院"应用传播委员会成员，希望借助研究院专家团队、科研资源、中国天气行业数据支撑资源以及媒体应用传播渠道资源，进一步提升榄菊品牌的产品研发能力并深度赋能，指导产品生产及销售布局，全力助推榄菊迈向行业更高峰。几乎同时，榄菊和"中国天气"还在探索专业气象服务领域开展合作。2019年11月，榄菊集团携手"中国天气·二十四节气研究院"共同成立的"节气与病媒生物习性联合研究院"正式揭牌，双方通过跨学科、跨链条的研究，深入探索节气与气候变化和病媒生物习性之间关系的演变以及对人们生活的影响，为共同研发出健康安全的产品做出贡献，为广大消费者实现健康美好的生活保驾护航。

2021年4月，在榄菊"421公益日"当天，"中国天气"为榄菊打造了《节气变化与蚊虫活跃》视频，在公益日直播中播放。2021年4~5月，二十四节气专家宋英杰为榄菊量身打造5期节气视频，在微博微信平台发布，形式新颖，内涵丰富，传递出榄菊"但愿蚊无扰，人无恙"的企业理念。

2019 年 11 月，广东中山，"节气与病媒生物习性联合研究院"揭牌成立

（左起，华风集团媒体资源运营中心主任白静玉、榄菊集团总裁薛洪伟、榄菊集团董事长骆建华、时任华风集团总经理李海胜、"中国天气·二十四节气研究院"副院长宋英杰、榄菊集团首席技术官吴鹰花）

另外，榄菊还借助 CCTV《新闻联播》后《天气预报》官方微信公众号"环球气象"，通过软文及节气海报等方式，加强对用户的品牌输出。2021 年 1~8 月，公众号共发布 7 篇榄菊相关的内容，最高阅读量 8.6 万+，互动留言活跃。

随着越来越多的项目逐步落地和展开，榄菊集团与"中国天气"的携手不仅取得了良好的传播效果，也斩获了不少行业专业奖项。2020 年和 2021 年，双方合作案例连续两年获得"广告主盛典·媒企合作案例奖·整合营销金奖"，第九届、第十届的"ADMEN 国际大奖·实战金案奖"也被收入囊中。2020 年，合作案例还获得了"科睿创新奖·实效创新品牌大奖"。

榄菊与"中国天气"的合作已经渐渐形成了一个独特的"传播生态"体系，不仅是全媒体，更是全方位的合作。榄菊集团总裁薛洪伟评价说："榄菊与'中国天气'的合作应该是三年、五年、十年，甚至是更长的时间，希望榄菊借助这个平台，更长久地发展下去，实现百年榄菊的愿景和使命。"

2021 年获得第十届 ADMEN 国际大奖·实战金案奖

（左起华风集团媒体资源运营中心副主任李婷婷，榄菊集团市场部总经理陈绍洪）

　　2021 年 9 月，榄菊集团升级成为"中国天气·二十四节气研究院"副院长单位，同步升级的当然还有双方在探索"节气+"方面的合作。

　　从素未谋面到意气相投，从理论探讨到战略合作，榄菊与"中国天气"只用了短短几个月的时间，这背后有资源的力量、情谊的力量，更有智慧的力量。而从开始合作到形成传播生态，榄菊和"中国天气"花的时间也不长，双方很快在电视媒体投放、节气与病媒生物研究、全媒体营销等方面探索出了创新合作的模式，打破行业营销天花板，成功走出了一条"消杀+天气"的"破圈"之路。

　　"护卫人居健康，共享静美生活"，这是榄菊集团的企业使命。期待未来双方继续携手乘风，不断"破圈"，以打造顶流专业传播生态为目标，实现品效合一的全领域传播，打造国货品牌，服务中国百姓。静美生活，不仅有榄菊相伴，也有"中国天气"相伴。

天赐良"媒"——农资品牌不二之选

　　1953 年的倒春寒事件使农业遭受很大破坏，毛主席批示"要把天气常常告诉老百姓"。同年 8 月 1 日，为使气象工作更好地为国民经济建设服务，毛泽东主席和周恩来总理联合签署命令，决定军委气象局改名为中央气象局。CCTV《新闻联播》后《天气预报》节目是中国气象局面向公众服务的重要窗口，因其是百姓生活的刚需节目，且占据央视最高收视时段，一直是各大知名企业宣传的必争之地。要说天气与哪个行业关联性最强，那非农业莫属。2016年，在《天气预报》栏目中上刊的农资类企业高达 22 家，充分证明了《天气预报》资源的核心价值。

八年坚持　让司尔特品牌牢牢站稳脚跟

　　《天气预报》大家喜欢看，收视率、权威性、可信度都比较高，节目中的景观广告宣传力度比较大，非常有效果，我们要长期持续地投放下去，借助这个平台，让我们的品牌在市场上牢牢站稳脚跟。

——司尔特肥业股份有限公司董事长　金国清

2013 年，全国化肥生产企业众多，各类肥料品牌更是层出不穷，其中不乏鱼龙混杂的假冒伪劣产品；另外，行业的无序竞争，导致农民购肥、用肥出现误区，也增加了农民用肥成本，降低了农业生产效率，直接影响到行业的健康发展。

司尔特致力于化肥研制和生产领域的专利发明创新，打造以测土配方施肥项目为核心的产业链品牌，锤炼产业链条的各个环节，提升企业的核心竞争力。在宣传方面，司尔特可以用"高举高打"和"稳扎稳打"来形容。要想在诸多品牌中快速提升知名度和影响力，那个年代，央视的广告资源绝对是炙手可热！司尔特果断选择了与农业关联度最高的《天气预报》资源，每年可以触达受众百亿人次，在当时绝对算得上"高举高打"！即使在现在这个新媒体盛行的时期，司尔特依然"稳扎稳打"，没有放弃《天气预报》这块阵地。八年的坚持，那句"持之以恒，方得始终，一心只做好肥料"的企业精神已经深入人心。买司尔特就是买到了放心、买到了保障，这安全感正是从每天一次的《天气预报》中获得的。

在 CTR 的调研结果中，99% 以上的被访者认为在《天气预报》投放的广告品牌是"值得信赖的品牌"！这种信赖也源于企业的社会担当。无论是疫情还是洪灾，司尔特总是默默出现在救助捐赠的企业名单里，作为媒体方，我们有责任助力像司尔特一样的良心企业茁壮成长：在救灾的路上，我们为企业提供专业的气象服务；在宣传的路上，我们为企业品牌价值的增长保驾护航！在"环球气象"公众号上，多次看到司尔特的身影，正是其社会担当的最佳体现。

孤注一掷　史丹利三连版广告强势回归

　　史丹利与《天气预报》的合作长达 15 年。因为我们有一个共同的目标——服务百姓，史丹利也通过城市景观广告拉近了与消费者的距离。过去我们一路同行，未来也希望我们继续携手，开创未来。

——史丹利农业集团股份有限公司总裁　高进华

史丹利一直笃定，做品牌需要坚持，更需要核心媒体的强势助攻。早在2005年史丹利就与《天气预报》结缘，至今已有15年的相伴！其间，史丹利深入探索品牌投放策略，在央视、卫视间不断调整，最终在2019年强势回归，一举拿下2020年央视晚间黄金时段CCTV《新闻联播》后《天气预报》三个景观广告位，以"三连版"投放策略，用史丹利品牌LOGO加"三安""第四元素""纯水溶"三个拳头产品，每天霸屏《天气预报》节目长达12秒。此举瞬时在业内产生了巨大的轰动，充分彰显了企业的实力，表达出其对未来市场的坚定信心！《天气预报》资源没有辜负史丹利的信任，CTR数据显示，2020年全年史丹利品牌接触度高达657亿人次，品牌知名度高达91.7%，品牌偏好度、预购率和推荐度都远远高于其他品牌！

CCTV《新闻联播》后《天气预报》"史丹利"品牌景观窗口三连版

史丹利十分认可《天气预报》资源，在其公众号和线下宣传中随处可见《天气预报》合作15年的字样以及节目中的广告图，以此树立其经销商的信心，更给客户带来了一份安心。

随着二十四节气的申遗成功，诸多企业在品牌的宣传中融合了二十四节气元素，二十四节气作为古人智慧的结晶，对农事有重要的指导意义，史丹利正是抓住这一特性，进一步与"中国天气"合作，由知名天气预报主持人录制《二十四节气提醒》短视频，在重要节气时节为农民朋友进行农事提醒，这种形式可以更好地让用户接受品牌、记住品牌，是新媒体时代重要的传播形式。

"中国天气"利用农业精细化气象服务，增强品牌独特性。2020年春分时节，"中国天气"与史丹利联合在"环球气象"公众号发布了"春耕春播地图"，文章阅读量突破 10 万+。

疫情期间，全国企业基本都停工停产，但民以食为天，春耕成为我国持久抗击疫情的首要任务，史丹利集团在做好防疫防控的同时，第一时间恢复生产，助力春耕。"环球气象"公众号连续发表《"暖暖中国心"　企业在行动》系列文章，记录下这感人的时刻，有效提升了品牌在用户心中的形象。

时代在进步，媒体资源也在不停地更新迭代，"中国天气"也在不停地开拓创新，让品牌不再是传统意义上单纯的传播，而是附加了天气元素，使其向服务型品牌转型，让客户感受到被品牌服务的特殊价值。这是史丹利选择"中国天气"的原因，也是企业屹立不倒在困境中逆势增长的奥秘。

快克药业：开辟新领域　链接"节气+"

晴雨冷暖，听渔舟唱晚，记录变迁。

未来潮汐变幻，携手共创健康人间。

——海南快克药业有限公司总经理　王志昊

感冒，每个人都会遇到，尤其是一到秋冬季节，大多数人都会受到感冒困扰。感冒了就会面临感冒药的选择。市面上的感冒药虽然名目繁多，但大家耳熟能详的感冒药品牌就那么几个，"快克"必在其中。

"快克"感冒药的全称是复方氨酚烷胺胶囊，现在市面上这种成分的感冒药不在少数，但"快克"是复方氨酚烷胺胶囊处方的首创者，同时也是复方氨酚烷胺胶囊处方国家药品标准的起草者。

品牌为本　树立行业典范

药品紧系人民生命安全，保障药品质量是药企的使命和责任。30 年来，快克品牌身体力行，肩负起健康使命和社会责任。"供给好药，服务社会"不仅是快克品牌一直秉承的企业宗旨，更是一份踏踏实实的社会责任。

"快克"专注感冒药 30 多年，从浙江金华的"根据地"出发，开辟出海南的新战场并迅速走向全国，培育出在感冒药领域独树一帜的"快克"品牌。快克牌复方氨酚烷胺胶囊研制之初，就以超前的品牌意识，提出"抗病毒、治感冒、防流感"的品牌理念，一举打开感冒药市场，成为国民感冒药知名品牌。如今，"感冒快克　快快乐乐"的品牌精髓同样契合潮流，深入人心。

品牌是企业超越产品功能服务的情感服务，是对品质的承诺，是对信誉的保证。品牌提供的是一种精诚服务。所以，在品牌宣传方面，快克一直是谨慎的，对品牌精心打造、用心呵护。面对日益繁复的社会，快克始终认为，企业和品牌的核心社会责任是为社会提供优质的产品服务，改善人民的生活品质。因此快克在 30 多年的品牌发展历程中，一直坚守企业"供给好药，服务社会"的企业宗旨和社会职责，不流于形象作秀，不忙于趋名逐利，始终坚持以"快克"品牌的本色获得消费者喜爱、引领行业发展。

"快克"和"小快克"品牌广告片

携手"中国天气" 守护百姓健康

　　大家都知道，感冒和天气变化息息相关。每到秋冬、春夏换季时节，感冒的高发期也会不期而至，每年第一季度和第四季度，快克感冒药的销量数据也侧面印证着这样的结论。因此，如何利用感冒和天气变化的关系，提醒人们科学防治感冒一直是快克致力要做的事情。

　　而在研究天气变化领域，没有比中国气象局更为专业的机构，也没有比"中国天气"更为响亮的品牌，它是中国气象局公众气象服务的唯一官方品牌。在观望很长一段时间之后，2020年10月，快克决定与"中国天气"结缘。

"快克"投放 CCTV《新闻联播》后《天气预报》节目中的节气提醒

　　快克的形象出现在了 CCTV《新闻联播》后《天气预报》节目中，但这一次，它不再是一则广告，它是及时的、温暖的提醒，是润物细无声的默默关怀。每一天，快克的"节气提醒"都会准时地出现在《天气预报》的节目中，贯穿整个城市预报全过程，时长近 100 秒。关注天气的每一位观众都会收到快克的温馨提醒："现在正处在××时节""天气变化　谨防感冒"！快克竭诚为全人类健康服务的理念就这样融汇进了一句句暖心的话语中。

　　冬春季节，冷空气活动频繁，在一次次气温变化过程中，感冒很容易趁虚而入，此时提醒人们"预防感冒"尤为重要。于是，在冷空气肆虐的过程中，快克的"天气提醒"又会适时出现在冷空气影响的区域城市版块，完美配合天气变化，最大化发挥"天气提醒"的功用。

　　与此同时，"中国天气"新媒体矩阵的冷空气专题也找准时机上线，网页新闻、趣味地图、微博互动、微信软文、各大平台账号一起发力，让"快克+天气+感冒"的内容链接到全网，形成全方位的密集宣传矩阵。

2020 年快克独家冠名的"全国秋裤预警地图"成为热点

2020 年 10 月 13 日, "中国天气"携手"快克"独家推出"秋裤预警地图"产品——《秋裤在召唤！全国秋裤预警：三分之一国土急需秋裤护体》，一经上线，就被今日头条、凤凰新闻、环球网、光明网、凤凰网、搜狐网等 40 余家媒体转载，新华社客户端特别在要闻页推荐。而在微博上，该条微博被全国各行业的 80 余个官方微博或政务号转载引用；原创话题#秋裤预警地图#、#全国秋裤预警#阅读量超 5200 万，讨论量超 2 万，成为全网爆点。2021 年 10 月 15 日，"秋裤地图"重装登场，登上百度微博双热搜，再度引爆全网，成为现象级热议话题。

开辟新领域　链接"节气+"

2019 年，"中国天气"旗下的"中国天气·二十四节气研究院"诞生，快克成为首批入驻研究院的副院长单位，开展感冒与节气变化的研究一直是双方共同的诉求和方向。

2020 年 12 月 15 日，开展感冒与节气变化研究的方向越发清晰。这一天，"节气变化与感冒趋势联合研究院"在快克药业杭州总部正式揭牌成立。这是"中国天气·二十四节气研究院"与知名企业的再度携手，也是"中国天气·二十四节气研究院"与药品龙头企业的一次"跨领域""跨学科"的创新合作，是"节气+"的又一条新链接。

2020 年"节气变化与感冒趋势联合研究院"在浙江杭州揭牌成立

（左起快克药业总经理王志昊、金石亚药副总裁郑志勇、金石亚药总裁魏宝康、时任华风集团总经理李海胜、"中国天气·二十四节气研究院"副院长宋英杰、华风集团媒体资源运营中心主任白静玉）

时任华风集团总经理李海胜在揭牌仪式上致辞："'中国天气'有责任也有义务做好二十四节气的传承和应用传播工作。此次与快克药业成立'节气变化与感冒趋势联合研究院'是'中国天气'在新领域、新方向的又一次重要突破。'中国天气'在气象服务和传媒领域的优势，会让研究院汇聚顶级的专家资源、行业资源和传播资源。我相信在不远的将来，研究院一定会取得令人瞩目的成果！"

快克药业有限公司总经理王志昊表示："快克药业多年来始终致力于感冒方面的研究，关爱消费者，践行公司'供给好药，服务社会'的理念和使命，竭诚为全人类的健康服务。此次与'中国天气·二十四节气研究院'的合作，就是希望通过研究，能让大众用更科学、有效的方法去预防感冒、治疗感冒，普惠更多的人。"

未来，"节气变化与感冒趋势联合研究院"将从公益角度出发，开展"节气与感冒"领域的深入研究，探寻感冒与天气要素和天气变化的关系、感冒与气候时段和气候变化的关系等，从中国人熟知的二十四节气角度，对研究结果进行解析，促进研究成果的应用落地并促进大众感冒与流感知识的科普传播。同时，"节气变化与感冒趋势联合研究院"的成立，也将开启快克药业公益营销的新时代，引领整个药品行业的新风向。

隆庆祥：镌刻文化　传承非遗

打造中国量身定制第一品牌。

——隆庆祥

"二十四节气"，是中华民族悠久历史文化的重要组成部分，凝聚着中华文明的历史文化精华，是人类非物质文化遗产代表作。隆庆祥，数百年制衣的历史渊源，构筑了服饰的文化内涵，隆庆祥传统西装制作技艺也是非物质文化遗产保护项目。"二十四节气"和隆庆祥，共同承担起了传承非遗的历史使命。

2020年1月24日，除夕夜。春节的序幕渐渐拉开了，伴随着《渔舟唱晚》熟悉的旋律，电视机前的观众发现，当天 CCTV《新闻联播》后《天气预报》也换上了节日的盛装，不仅节目包装有了浓浓的年味，主持人杨丹的着装也充满了过节的味道。杨丹当天穿着的红色立领套装来自非遗老字号——隆庆祥。与之相呼应的是，隆庆祥的字幕条广告也在《天气预报》中同步亮相。

2019年除夕 CCTV《新闻联播》后《天气预报》主持人杨丹身着隆庆祥服装出镜

春节是中国人阖家团圆的喜庆日子，难得一家人能有团团圆圆围坐在电视机前的时间，所以春节期间看电视的人会比平时明显增多。2020年春节的初一至十五，《天气预报》的平均收视率达到7.3%，市场份额为19.6%，同时段收视排名稳居第一。而节目全国范围内的到达率达到35.1%。也就是说，在春节期间，大约有10.23亿人次通过《天气预报》看到过隆庆祥的字幕条广告。

其实不仅广告效果惊人，在春节期间，中央电视台各频道的《天气预报》节目主持人都穿上了隆庆祥的服装。"义结金兰""锦绣中华""鹤鸣九皋"，一听这些服装的名字，就知道隆庆祥真的是将传统的中国文化深深地镌刻在了一针一线里。

CCTV《新闻联播》后《天气预报》隆庆祥字幕条广告

2020 年春节期间　"中国天气"主持人身着隆庆祥服装出镜

量身定制　私人裁缝

　　北京隆庆祥服饰有限公司（以下简称隆庆祥）的历史可追溯至1522年明朝嘉靖年间，曾为皇帝专制裙袍，清朝中叶改字号为"隆庆祥"，拥有数百年家族制衣史，为北京老字号、中华老字号会员单位，是一家以专业量身定制高档西装、衬衫等为主营业务，兼营多种服饰类产品，集设计、研发、生产、销售于一体的综合性服装服饰企业。

　　隆庆祥始终将"量身定制，私人裁缝"的贴心服务作为隆庆祥产品的核心竞争力，为客户提供从面料选择、款式设计、工艺优化到售后服务的"一站式"尊贵服务。产品采用单人单板、单板单裁、单裁单做，以其独一无二的专属性彰显尊贵荣耀。隆庆祥每套西装定面料、定款式、制版、裁剪、制作、试样、后道整理、取件共八道工序，均采用406道工序，而且大量工序是手工制作的。

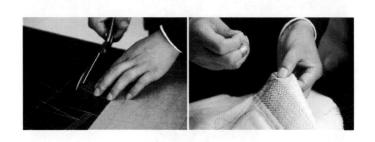

隆庆祥的制作工艺

　　《天气预报》类节目是在中央电视台各频道播出的天气资讯节目，其主持人也执行央视对主持人的着装要求，主要强调大方、得体，主持人服装风格变化并不太大。在这种情况下，每位主持人依然可以通过着装强化个人与众不同的标识。主持人的形象在电视上最容易引起观众注意的就是他（她）的服装。主持人和他们身上的服装是一体的，电视观众关注节目，自然会关注到主持人身上的服装，如果服装别致、有特色，观众耳目一新的同时，对服装品牌也会留下印记。

从流水线上生产出来的成衣最大特点就是尽可能地模糊很多个体体形上的差异。虽然仅量三围、衣长等三四个尺寸，但每个人的身材千差万别，不能用有限的几个标准号码去套用。隆庆祥强调私人定制理念，与其他新兴品牌截然不同。传统量体定制的魅力就在于其是真正的量体裁衣，通过多次试样等方式与客户多次接触沟通，想客人所想，发现并传递属于客户独有的个人之美。

隆庆祥的师傅为《天气预报》主持人量身，量得非常仔细，除了身长、肩宽、胸围、腰围这些服装的基本信息之外，还要记下更多的细微尺寸，可能我们看到两位主持人身高、体重类似，但他们的制衣数据可能相差的不是一点半点。这样根据每一位主持人的数据制作出来的成衣，可能只有他（她）才能完美穿着。

隆庆祥曾先后服务过数十万政府机构、企业、个人等零团客户，为各企事业单位的领导、职工及个人提供了完美的商务着装解决方案。这次与《天气预报》的合作，是隆庆祥的全新尝试，可以助力它引领并带动国内量身定制服装的潮流。

一颗匠心　传承文化

众所周知，二十四节气是中华民族悠久历史文化的重要组成部分，凝聚着中华文明的历史文化精华，表达了人与自然、宇宙之间独特的时间观念。在国际气象界，二十四节气被誉为"中国的第五大发明"。2006 年 5 月 20 日，"二十四节气"作为民俗项目经国务院批准列入第一批国家级非物质文化遗产名录。2016 年 11 月，"二十四节气"被正式列入联合国教科文组织人类非物质文化遗产代表作名录。

服饰，是文明的结晶，从来都是传统文化的重要内容。几乎是从服饰起源的那天起，人们就已将其生活习俗、审美情趣、色彩爱好，以及种种心态、观念，都沉淀于服饰之中，构筑成了服饰文化精神文明内涵。

除了有数百年制衣的历史渊源外，隆庆祥的文化传承也获得了社会的一致认可。隆庆祥传统西装制作技艺已经被列入北京市东城区非物质文化遗产保护项目，承担起了传承非遗的历史使命。

2019 年隆庆祥流行趋势暨定制新品发布会现场

近几年，隆庆祥充分发挥老字号企业的特长，推出了"黼绣""格调""绽放""昇华""共生""臻玺"等系列新品，融入刺绣、青花瓷、玺印等诸多中国元素，经过设计以全新的形式与顾客见面，既突出了产品的创新，又传承了传统文化。隆庆祥还开发了系列非遗产品，将非遗技艺与产品、营销活动等有机结合起来，对我国非遗的传承也起到了极大的促进作用。

二十四节气和隆庆祥联手，二者都与"非遗"相关，它们会碰撞出怎样的火花？

据了解，我国西汉时期的服饰制度，就将季节与应季服装的颜色作了区分，如春青、夏赤、秋黄、冬皂，当季节更替之时，服饰颜色也会随之而变。据此我们可以想象，二十四节气当然能赋予服饰更多的内涵，不仅是颜色，还有更加独特的内容。

"中国天气·二十四节气研究院"由中国气象局气象服务首席专家宋英杰担任副院长，宋英杰是二十四节气专家，自幼学习二十四节气，已出版《二十四节气志》《故宫知时节》《中国天气谚语志》等著作，深受读者喜爱。他常说："希望二十四节气，充盈着科学的雨露，洋溢着文化的馨香，既在我们的居家日常，也是我们的诗和远方。"每一个节气当天，宋英杰都会如约出现在中央电视台《新闻联播》后《天气预报》节目中，播报天气之前，给大家讲上几句节气物语。

2020 年小雪节气　宋英杰身着隆庆祥定制服装主持 CCTV
《新闻联播》后《天气预报》

2020 年 11 月　宋英杰身着隆庆祥定制服装主持"中国天然氧吧"发布会

　　宋英杰多年来深耕二十四节气领域，在节气文化方面做了大量的研究工作，致力于挖掘节气经典，寻找贴合每一个节气的文化符号。而研究院专业的设计师，会用匠心细腻的笔触，将这些符号绘制成最具节气意味的画面。

　　每一个节气都是独一无二的，而当这些独一无二的画面被一针一线地呈现在隆庆祥的服饰上，会诞生怎样的文化精品？让我们拭目以待！